SURPASSING DESIGN:
THE PRODUCT DESIGN METHODS DRIVEN
BY THE MEANING

工业设计（产品设计）专业热点探索系列教材

超越设计

意义导向的产品设计方法

吴雪松 著

中国建筑工业出版社

图书在版编目（CIP）数据

超越设计：意义导向的产品设计方法 = SURPASSING DESIGN：THE PRODUCT DESIGN METHODS DRIVEN BY THE MEANING / 吴雪松著. —北京：中国建筑工业出版社，2019.12

工业设计（产品设计）专业热点探索系列教材

ISBN 978-7-112-24727-1

Ⅰ.①超… Ⅱ.①吴… Ⅲ.①产品设计－教材 Ⅳ.①TB472

中国版本图书馆CIP数据核字（2020）第011888号

本书围绕意义导向的产品设计方法，从设计现象入手，逐步展开对要讨论内容的阐述。

在具体策略上，采用了“理论依据”和“事实依据”双重依据的研究策略进行研究，以期达到设计的“求真”和“求用”。“理论依据”主要为基于产品本体和以设计历史事件为“史源”的设计本体两方面，通过这两个方面的阐释，企图从理论上实现对产品意义的理解。在“事实依据”方面，本书主要以案例分析和实验为主，希望通过实验数据分析，获得有关产品意义的新理论。本研究主要有三个实验，分别为：对用户需求的模糊性实验、合作方式与产品意义之间关系实验和产品意义获取实验。

针对所研究的问题，本书主要采用了“文献阅读法”、史学研究方法中“比较法”“访谈法”“现象描述分析法”“扎根理论分析法”和“回顾性调研分析法”。

最后基于设计分析和研究的基础上，提出意义导向下的产品设计理论框架、流程、方法模型和策略，本书适用于工业设计、产品设计专业师生及从业人员。

责任编辑：吴 绫 唐 旭
文字编辑：吴人杰
版式设计：锋尚设计
责任校对：张惠雯

工业设计（产品设计）专业热点探索系列教材
超越设计 意义导向的产品设计方法
SURPASSING DESIGN：THE PRODUCT DESIGN METHODS DRIVEN BY THE MEANING
吴雪松 著
*
中国建筑工业出版社出版、发行（北京海淀三里河路9号）
各地新华书店、建筑书店经销
北京锋尚制版有限公司制版
河北鹏润印刷有限公司印刷
*
开本：880毫米×1230毫米 1/16 印张：6¾ 字数：165千字
2021年2月第一版 2021年2月第一次印刷
定价：36.00元
ISBN 978-7-112-24727-1
（34699）

工业设计（产品设计）专业热点探索系列教材

编　委　会

总　序

为适应《普通高等学校本科专业目录（2020年）》中对第8个学科门类工学下设的机械类工业设计（080205）以及第13个学科门类艺术学下设的设计学类产品设计（130504）在跨学科、跨领域方面复合型人才的培养需求，亦是应中国建筑工业出版社对相关专业领域教育教学新思想的创建之路要求，由本人携手包括天津理工大学、台湾华梵大学、湖南大学、长沙理工大学、天津美术学院5所高校在工业设计、产品设计专业领域有丰富教学实践经验的教师共同组成这套系列教材的编委会。编撰者将多年教学及科研成果精华融会贯通于新时代、新技术、新理念感召下的新设计理论体系建设中，并集合海峡两岸的设计文化思想和教育教学理念，将碰撞的火花作为此次系列教材编撰的“引线”，力求完成一套内容精良，兼具理论前沿性与实践应用性的设计专业优秀教材。

本教材内容包括“关怀设计；创意思考与构想；新态势设计创意方法与实现；意义导向的产品设计；交互设计与产品设计开发；智能家居产品设计；设计的解构与塑造；体验设计与产品设计；生活用品的无意识设计；产品可持续设计。”其关注国内外设计前沿理论，选题从基础实践性到设计实战性，再到前沿发展性，便于受众群体系统地学习和掌握专业相关知识。本教材适用于我国综合性大学设计专业院校中的工业设计、产品设计专业的本科生及研究生作为教材或教学参考书，也可作为从事设计工作专业人员的辅助参考资料。

因地区分布的广泛及由多名综合类、专业类高校的教师联合撰稿，故本教材具有教育选题广泛，内容阐述视角多元化的特色优势。避免了单一地区、单一院校构建的编委会偶存的研究范畴存在的片面局限的问题。集思广益又兼容并蓄，共构“系列”优势：

海峡两岸研究成果的融合，注重“国学思想”与“教育本真”的有效结合，突出创新。

本教材由台湾华梵大学、湖南大学、天津理工大学等高校多位教授和专业教师共同编写，兼容了海峡两岸的设计文化思想和教育教学理念。作为一套精专于“方法的系统性”与“思维的逻辑性”“视野的前瞻性”的工业设计、产品设计专业丛书，本教材将台湾华梵大学设计教育理念的“觉之教育”融入内陆地区教育体系中，将对思维、方法的引导训练与设计艺术本质上对“美与善”的追求融会和贯通。使阅读和学习教材的受众人群能够在提升自我设计能力的同时，将改变人们的生活，引导人们追求健康、和谐的生活目标作为其能力积累中同等重要的一部分。使未来的设计者们能更好地发现生活之美，发自内心的热爱“设计、创造”。“觉之教育”为内陆教育的各个前沿性设计课题增添了更多创新方向，是本套教材最具特色部分之一。

教材选题契合学科特色，定位准确，注重实用性与学科发展前瞻性的有效融合。

选题概念从基础实践性的“创意思考与构想草图发想法”“产品设计的解构与塑造方法”到基础理论性的“产品可持续设计”“体验时代的产品设计开发”，到命题实战性的“生活用品设计”“智能家居设计”，再到前沿发展性的“制造到创造的设计”“交互设计与用户体验”，等等。教材整体把握现代工业设计、产品设计专业的核心方向，针对主干课程及前沿趋势做出准确的定位，突出针对性和实用性并兼具学科特色。同时，本教材在紧扣“强专业性”的基础上，摆脱传统工业设计、产品设计的桎梏，走向跨领域、跨学科的教学实践。将“设计”学习本身的时代前沿性与跨学科融合性的优势体现出来。多角度、多思路的培养教育，传统文化概念与科技设计前沿相辅相成，塑造美的意识，也强调未来科技发展之路。

编撰思路强调旧题新思，系统融合的基础上突出特质，提升优势，注重思维的训练。

在把握核心大方向的基础上，每个课题都渗透主笔人在此专业领域内的前沿思维以及近期的教育研究成果，做到普适课题全新思路，作为热点探索的系列教材把重点侧重于对读者思维的引导与训练上，培养兼具人文素质与美学思考、高科技专业知识与社会责任感并重，并能够自我洞悉设计潮流趋势的新一代设计人才，为社会塑造能够丰富并深入人们生活的优秀产品。

以丰富实题实例带入理论解析，可读性、实用性、指导性优势明显，对研读者的自学过程具有启发性。

教材集合了各位撰稿人在设计大学科门类下，服务于工业设计及产品设计教育的代表性实题实例，凝聚了撰稿团队长期的教学成果和教学心得。不同的实题实例站位各自理论视角，从问题的产生、解决方式推演、论证、效果评估到最终确定解决方案，在系统的理论分析方面给予足够支撑，使教材的可读性、易读性大幅提高，也使其切实提升读者群体在特定方面“设计能力”的增强。本教材以培养创新思维、建立系统的设计方法体系为目标，通过多个跨学科、跨地域的设计选题，重点讲授创造方法，营造创造情境，引导读者群体进入创造角色，激发创造激情，增长创造能力，使读者群体可以循序渐进地理解、掌握设计原理和技能，在设计实践中融合相关学科知识，学会“设计”、懂得“设计”，成为社会需要的应用型设计人才。

本教材的内容是由编委会集体推敲而定，按照编写者各自特长分别撰写或合写而成。以编委委员们心血铸成之作的系列教材立足创新，极尽各位所能力求做到“前瞻、引导”，探索性思考中难免会有不足之处。我作为本套教材的组织人之一，对参加编写工作的各位老师的辛勤努力以及中国建筑工业出版社的鼎力支持表示真诚的感谢。为工业设计、产品设计专业的教学及人才培养作出努力是我们义不容辞的责任，系列教材的出版承载编委会员们，同时也是一线教育工作者们对教育工作的执着、热情与期盼，希望其可对莘莘学子求学路成功助力。

钟蕾

2021年1月

前　言

本选题源于设计实践。针对的基本理论问题为：设计的本质是创新，创造新的和未知的东西；而设计又必须是可理解和可知的内容，否则无法与用户交流。前者强调新的和从无到有的创新设计，后者强调可理解和可认知的交流性设计。在设计发展过程中，设计更多地关注于产品的理解与认知问题，实际上赋予一个新的意义才是产品开发的根本。

在具体设计实践中，意义不同于产品造型、结构、色彩和材料等内容，它不容易被观察到，这也常常会造成设计聚焦于有形内容，而忽略了有形内容背后的意义。在生产生活中，人们对产品意义又是有需求的，且产品意义对产品开发具有指导作用，产品意义逐渐成为企业产品相互竞争的核心内容。因此，探讨意义导向的产品设计方法具有重要的理论研究价值和现实的指导意义，也为我国设计教育改革提供重要的理论支撑与参考。

本书中的意义是指，设计赋予产品的一种新的理解（Understanding），一种新的理解方式；而不仅仅是所谓可理解（Understandable），一种完全建立在现有理解的方式。二者之间既有联系，又存在本源性的差别。同样，产品物理意义的理解是一种理解，而产品与人的关系意义上的理解又是另一种理解，二者之间既有联系，也存在本源性的差别。这些都是容易混淆和忽略的问题，都是本书试图探讨和梳理的内容。

既然“意义”非常重要，究竟它具体是指什么，如何理解？本书首先，分别从产品本体和设计本体对产品意义进行分析并解释。其次，以实验为主，通过设计实践从微观角度对产品意义获取过程进行了详细研究。最后，从方法论角度提出意义导向的产品设计策略与思想、意义导向的产品设计开发流程和设计相关角色再定位等内容。

另外，设计尽管也在关注问题的解决，但设计一直是一个自适应过程，随着社会不断发展，人类意识到自身和自然系统的复杂性，以及不断膨胀的人类活动给自然和社会带来的威胁，从战略层面关注这些问题变得十分紧迫。意义介入代表的是一种思考问题的方式，从战略性角度考量产品与人，人与社会之间关系的方式，确保设计的真实性。

原研哉认为，设计过程也是一个对已有事物模糊化的过程，把熟悉的事物变得不熟悉，激起对它再认识的欲望，从而深化对事物的理解。这也使得我们看到设计的价值不仅仅在于就某种问题提出某种解决方案，重要的在于它开启了对事物的探讨，建立了认知事物新框架，从而现实超越设计和设计超越。

希望本书能为大家在设计实践中带来新启发，也希望大家批评指正。

目 录

第1章
绪 论

1.1 研究背景

1.1.1 研究的社会背景

人类进入21世纪，快速发展已经成为当今社会的主题。在快速发展的模式下，今天人类面临的问题越来越多，问题的严重程度超出了人类可承受的范围，如环境持续恶化和自然资源不断减少[①②]，寻找更为合适的生存方式成为当前面临的紧要任务。

不论什么样的方式，我们需要明白的一个道理，人类难以逃离对物质的依赖。哈佛大学商学院工业研究部乔治·埃尔顿·梅岳（Elton Mayo）教授从社会管理的角度指出：任何团体不论在哪一种文化水平上，需要面对一个永远存在且反复出现的问题，这个问题就是必须使它的团体成员，在物质和经济的需要上得到满足[③]，这也意味着社会的发展离不开物质作为基础。人类生存和游戏的规则就是对资源的分配。关于资源分配问题，现代经济学思想认为，人的需求是没有止境的，然而资源却是有限的，为了解决稀缺性问题，需要一种社会机制在无限的选择中间来分配有限的资源。在过往的人类发展历程中，人们曾经运行过四种机制来处理稀缺性资源的问题，有强制方式（流行于早期方式）、传统惯例（强调以往的方式）、权威（采取的形式为政府和教会制度）和现今主要的分配方式——市场，资源的稀缺总是使一些需要得不到满足，由此公平、公正与合理问题就深埋在稀缺性问题中，资源的分配机制就是决定谁得到和谁得不到资源，市场方式就是目前相对公平的一种分配方式[④]。但它带来的结果就是相互竞争，竞争又加速了人类活动的不断膨胀[⑤]，自然也加速了对资源的消耗和争夺，在这场竞争中，设计以推手的形式参与了该竞争。

伴随社会快速发展，各种各样问题的出现在所难免，比如对环境的影响，人类也许按照传统模式，通过补救的方式，可以减少人类活动对环境所带来的影响，但这并不能改变逐步恶化的现状。在人的需求、社会规则和有限的物质资源面前，企图通过放慢社会发展脚步的方法解决资源问题，比较困难，在你希望别人放慢脚步的同时，你却又不自觉地加快了自己的步伐，因为人类生存的规则就是对资源的分配。

另外，在数字技术和互联网技术发展下，今天的世界从过去近乎固化的社会系统中逐渐走向拥有高度连接的流动状态中，每一个领域都在变化，传统的方式逐渐被打破，新的方式亟需被建立。本书正是基于这样的背景进行的思考和研究，即在社会大步向前发展过程中，如何通过对产品意义的研究，更好地探索人类未来生活的各种可能性，而不是在已有的方式上重复消费，重复消费在某种程度上是一种停滞发展的体现，同时重复消费在此也构成了一种对资源的浪费，对生命的浪费。

1.1.2 研究的设计背景

今天的设计有着多种解释，设计活动所涉及的领域越来越多，意义越来越宽泛，设计的含义已经远远超出

---

① Strauss BH, Kulp S, Levermann A (2015) Carbon choices determine US cities committed to futures below sea level. Proceedings of the National Academy of Scie006Eces USA. 2015, 13508-13513.

② Carlo Vezzoli, Ezio Manzini，环境可持续设计[M]. 刘新，杨洪君，覃京燕译. 北京：国防工业出版社，2010.169-191.

③ 乔治·埃尔顿·梅岳，工业文明的社会问题[M]. 费孝通译，北京：群言出版社，2013.2-38.

④ 哈里·兰德雷斯，大卫·C·柯南德尔，经济思想史[M]. 周文译，北京：人民邮电出版社，2014.1-11.

⑤ Susan C. Stewart.Interpreting Design Thinking.Design Studies 32(2011)515-520.

了早期人类活动所指称的范围，也为设计研究提供了更加多元和多维的途径。

在设计发展过程中，设计除了是一种实践外，设计本身也作为理论研究对象，形成学术性和体系性的理论框架。

布鲁斯·阿彻（B. Archer）在1980年设计协会举办的“设计·科学·方法”大会上，对“设计研究”的范式和内容做了解释，认为“研究”是系统探究知识的过程，而“设计研究”就是系统探究、发展和交流设计知识的过程[①]。设计知识主要来源于人、过程和产品三个方面，因此设计研究主要从这三个方面展开，包括设计认知（研究设计师式的认知方式）研究、设计行为（设计实践和设计过程）研究以及设计现象（产品本身）研究。在对设计研究过程中，似乎存在一种默许的共识，这种共识是把“设计”同“解决问题”联系在一起。首先以诺贝尔经济学奖获得者赫伯特·西蒙（Herbert Simom）为代表，他在其《人为事物的科学》著作中阐述了这一观点[②]，之后有不同学者做了进一步研究，比如加利福尼亚伯克利分校的杭斯特教授（Horst Rittel）就“设计问题”本身进行了研究[③]。《Design Study》杂志主编柯若斯（Nigle Cross）从解题过程对设计进行了研究，他认为设计过程是问题域和解域共同进化的过程[④]。佩耶（Pye）[⑤]、法尔（Farr）[⑥]、马切特（Matchett）[⑦]、波力尔（Boolier）等学者把设计解题过程看作是一个平衡各因素与条件的过程[⑧]。麻省理工学院唐纳德·肖恩教授（Donald Schön）提出了“实践反思”（Reflective）的认知活动[⑨]。也有学者从知识的角度解释和研究设计，萨托（Sato）、佛理德曼（Friedman）认为设计是一个知识转换的过程[⑩]，以及国内学者谭浩博士提出基于案例的产品造型设计情景知识模型[⑪]，王巍博士提出了汽车造型领域知识描述与应用模型[⑫]，陈宪涛博士提出了基于案例的知识的定性和定量转化机制[⑬]。谢友柏教授指出，知识行为研究是设计科学的重要命题，提出设计是以已有知识为基础，以新知识获取为中心，设计知识具有自己的基本规律和基本特征，知识行为研究应该是设计科学的重要命题。他还指出设计的过程是谋求主观和客观的一致性问题，设计科学就是研究实现一致的原理和实现一致的方法[⑭]。

设计究竟是什么？回顾人类发展历程，人类通过设计方式在化解一个又一个问题的过程中，创造了今天的文明。从这一点看，设计确实可以与解决问题划等号，

---

① Nigan Bayazit. Investigating Design; A Review of Forty Years of Design Research. Design Issues:Volume 20.No.1, Winter, 2004.

② Herbert Simon. The Sciences of Artificial. Cambridge: MIT Press, 1969, 50.

③ Rittel,Horst. Dilemmas in a General Theory of Planning.Policy sciences,1973:155-169.

④ Kees Dorst, Nigel Cross. Creativity in the design process:co-evolution of problem-solution. Design Studies. 2001(22): 425-437.

⑤ Pye D.The Nature and Art of Workmanship. London: Cambridge University Press, 1968, 8-21.

⑥ Farr M. Design Management, Why Is It Needed Now? Design Journal, 1965, (200): 38-59.

⑦ Matchett E. Control of Thought in Creative Work. Chartered Mechanical Engineer, 1968, 14(4): 163-166.

⑧ Jones J C. Design Methods: Seeds of Human Futures. New York: John Wiley&Sons, 1980, 3.

⑨ Schön D A. The Reflective Practitioner: How Professionals Think in Action. New York: Basic Books, 1983:12-25.

⑩ Sato K. Constructing Knowledge of Design, Part 1: Understanding concepts in design research. In: Proceedings of the Doctoral education in design: foundations for the future conference. 2000:135-142.

⑪ 谭浩. 基于案例的产品造型设计情境知识模型构建与应用. [D]. 长沙：湖南大学汽车车身先进设计制造国家重点实验室，2006，3-10.

⑫ 王巍. 汽车造型领域知识描述与应用. [D]. 长沙：湖南大学汽车车身先进设计制造国家重点实验室，2007，1-10.

⑬ 陈宪涛. 汽车造型设计的领域任务研究与应用. [D]. 长沙：湖南大学汽车车身先进设计制造国家重点实验室，2009，2-7.

⑭ 谢友柏. 设计科学中关于知识的研究——经济发展方式转变中要考虑的重要问题. 中国工程科学，2013，15(4):14-22.

设计就是解决问题。柳冠中教授指出，设计的本源就是“创新”[1]，意大利米兰理工设计学院的埃佐·曼奇尼（Ezio Manzini）认为“创新”就是人类在遇到新问题时，会使用与生俱来的创造力和设计天赋进行发明并创造一些新事物[2]。这种“设计创新”反映在解决问题上，体现的是事物前后状态的不同，因为问题被解决了，结果自然就不同了。但设计除了关注事物前后状态的客观差异外，更加关注对事物的理解，事物应该是什么样子，“新事物”对旧事物是一种挑战，一种否定，还是一种进化？新与旧是否存在或完全不存在逻辑上的联系？从这一点看，设计似乎又不能完全等同于解决问题。本书正是从这一层面出发对设计进行的探索与研究。

1.1.3 选题的课题背景

本选题的课题背景主要有三个方面，一个方面为科研背景，另一方面为实际的设计实践课题背景，最后一方面为学术交流背景。科研背景为作者开展学术研究提供了理论研究基础、研究方法以及学术研究训练，设计实践既是本课题研究的来源之处也是本选题的研究素材，它为本选题理论研究的现实意义提供了直观的素材和第一手材料。学术交流背景拓宽了本选题的学术视野，为选题深入研究提供了参考与启发。

本选题的科研背景主要包括：笔者参与了实验室承担的一些国家重点基础研究课题的研究与讨论，系统学习了学术研究方法，为本选题研究提供了研究基础。另外笔者主持并参与了湖南省社科基金项目《基于语境的滩头年画数字化保护研究》申报和研究，笔者作为课题主研究人员，从认知角度，研究了产品认知与产品语境之间的关系，以及数字化表现方法。笔者还作为课题指导老师参与了国家级大学生创新试验计划SIT项目《现代家庭食物储藏方式设计研究》和校级大学生创新训练计划项目《“厨房”概念新定义设计研究》课题研究。

书中的设计实践项目背景主要为企业实际课题，分别为《A级轿车造型设计》、《C级行政车造型设计》、《东风柳汽SUV造型设计》、《中国重汽轻卡造型设计》、《中联重工小型起重机设计》、《电动汽车造型设计》、《深圳大族激光切割机床设计》、《长沙海捷精工机床设计》、《北京机床造型设计》、《九牧卫浴产品设计》。在这些课题中笔者作为设计师参与设计分析、设计方案构思、部分项目的设计方案现场提报以及前期的设计项目谈判与沟通。这些项目不仅使得笔者对设计过程有直接的体会，同时也使得笔者有机会与企业或公司深入接触，对他们的现状和需求有了进一步的了解，另外对设计合作模式有了进一步的对比与思考，更为重要的是通过这些设计实践，对“设计”活动有了更为直观的认知与思考。在这些实践中还包含一些项目的谈判，尽管有些项目最后没有进行，原因有多方面，但使笔者从设计合作的角度对设计活动有更为深入的认识。笔者还作为课程助教全程参与了三届本科生《产品设计》课程，题目分别为《厨房产品设计》、《永恒的设计》以及《Taste of change, Design for Food/Tool. Systems and Service》关于食物方面的设计，但不是食物设计。

本书的学术交流背景主要为国际学术会议活动，笔者参加了巴西里约天主教大学召开的第十届设计原理与实践国际会议（Tenth International Conference on Design Principles and Practices）和欧盟设计学年会，还有来自世界各地的设计专家与学者来学院做的不同主题学术报告交流。

---

① 柳冠中．设计的本源就是“创新”．装饰，2012，228(04):12-17.

② 埃佐·曼奇尼，马瑾．设计．在人人设计的时代[M]．钟芳译，北京：电子工业出版集团，2016,11.

1.2 相关研究

设计研究存在一个发展过程。20世纪60年代，赫尔伯特·西蒙（Herbert Simon）和杭斯特教授（Horst Rittel）把设计问题解释为一种病态问题（ill-Structured，Wicked problem）。20世纪末到21世纪初期，设计研究开始从战略层面关注病态问题如何解决的方法以及革新式的创新方法。本部分为相关研究文献综述，其主要分为三个部分，第一部分是面向产品认知的设计研究综述，以设计学者的研究活动和范式为主。第二部分是面向设计思维的设计研究综述，以来自设计圈外学者的设计研究为主，强调设计与企业管理和商业创新的关系。第三部分主要关注信息时代，数字化条件下的设计研究综述。

1.2.1 面向产品认知的设计研究

产品认知的设计研究旨在探索用户和产品之间交流方式和交流规则。设计作为一种工具，是人类的一种交流方式，反映了人类解决生存问题的奇思妙想，而产品是这种交流的中介和表达形式。从现代主义设计运动起，设计学者开始从批量生产产品的标准、功能、形式与使用等方面开始关注和研究设计。另外，在20世纪60年代末，伴随大量电子产品的出现，人们无法透过产品的外在形式判断其内在功能，造成了人们认知产品的困扰，产品就像一个黑匣子，这种现象引发了对产品意义的研究，希望用户能够更好地认识产品，与产品进行互动[①]。

符号学是一种语言理论，是交流的一种理论方法，目的是通过构建交流规则，达到认知的目的，因此，产品符号学研究也是一种有关产品认知的设计研究[②]。人类学家奥特那（Sherry Ortner）认为，符号构成了我们解释周围世界的基础，符号可以指代一定的含义，人类通过符号构筑世界，同时也构筑了人类认识世界的方式[③]。瑞士语言学家，符号学之父弗迪南·德·索绪尔（Ferdinand de Saussure）指出符号是由“能指”和“所指”两部分构成，“能指”是指具体的符号、一个词、物体或其他实体，“所指”是指提供意义的其他内容。比如，一个具体的产品可以是“能指”，而“所指”就是某种意义，产品是有形的，意义是无形的，有形的物和无形的意义之间可以通过符号关系联系在一起[④]。美国宾夕法尼亚大学安内伯格传播学院（Annenberg School for Communication at the University of Pennsylvania）克里彭朵夫教授（Klaus Krippendorff）提出了产品语义学，强调产品造型在使用情景中的象征性意义和自我说明意义[⑤]。克里彭朵的观点是，产品意义有两层含义，一是作为一个整体的物，可以看作是一个符号，指代某种意义，比如可以用奢侈品作为社会地位的象征；二是指产品作为一个实体具有自我说明的功能，也就是说用户通过产品形状、色彩和材料来理解产品，产品可以凭借其符号性自我“讲述”其使用和交互方式。

随后有关产品认知和使用问题，得到了设计学者们更进一步的研究。以认知心理学家诺曼（DonaldA·Norman）为代表，从认知心理学角度进一步构建了产品语意模型，指出产品语意表达应符合人的认知

---

① 李乐山．工业设计心理学．北京：高等教育出版社，2003，30.

② 李乐山．产品符号学的设计思想．装饰，2002(4):4-5.

③ Ortner, S. “On Key Symbols” in Lessa, W. and Vogt, E.(eds) Reader in comparative Religion. Harper&Row, New York.1979.

④ Palmer, D. “Ferdinand de Saussure:Structural Linguistics” in Structuralism and Postmodernism for Beginners. Writers and Readers Publishing, New York.1997.

⑤ Krippendorff K. On the Essential Contexts of Artifacts or on the Proposition that Design is Making Sense(of Things). Design Issues.1989, 5(2):9-38.

原理[①]。国内学者湖南大学赵江洪教授和西安交通大学李乐山教授也从心理学的角度研究和探讨了产品造型问题，这样使得产品语意问题放在一个科学的语境中进行了探讨[②③]。知觉心理学家鲁道夫·阿恩海姆（Rudolf Arnheim）对形状、形式、空间等艺术形式与视知觉从艺术心理学角度进行了研究[④]。

由于产品或产品中某一造型都具有“能指”功能，可以作为具有一定的意义的符号，因此关于造型象征意义也得到了众多学者们从文化角度的研究。它包含两方面研究，一方面是从用户和文化角度出发，期望通过设计使得产品能够代表用户身份特征等。比如巴拉拉姆（S.Balarm）从文化角度讨论了产品象征意义与修辞同印度文化之间的关系，产品既可以诠释一种文化，成为某种文化的符号，又会受到文化的影响[⑤]。瑞得（Reid R.Heffner）、托马斯（Thomas S.Turrentine）、肯尼斯（Kenneth S.Kurani ）他们以汽车为例从消费符号的角度对产品语意进行了研究，从消费符号与产品语意以及产品语意的生成机制、语意链、语意定位转化几个方面做了研究[⑥]。另外一方面是从品牌构建和品牌传播的角度，对造型特征和品牌特征与产品语意关系方面进行的研究。湖南大学张文泉博士对品牌基因起源、表征、遗传和变异进行了研究，在研究中讨论了产品的某一造型特征可以成为品牌特征被遗传与进化，产品造型特征可以提高品牌的识别度，同时又可以延续品牌所蕴含的品牌哲学，并得到消费者持续关注[⑦]。赵丹华博士以汽车为例对造型特征的知识获取与表征进行了研究[⑧]。朱毅博士从造型美学属性及多向性方面进行了研究[⑨]。

有关产品语意构建问题也得到了研究。到底谁是产品语意的构建者，关于这个问题，维克多·马格林（Victor Marglino）和理查德·布坎南（Richard Buchanan）认为产品语意是在人机互动中产生，不完全掌控在设计师手中[⑩]。著名的社会心理学家米赫莱（Mihaly Csikszentmihalyi）在对82个家庭300多位成员调研中发现，尽管高雅艺术可以为社会带来秩序和思想，但人们常常用物来标记他过去的历史，他们用身边日常用品来承载他们生活的意义，也就是说产品在融入人们生活之后，人们赋予了产品更为个人化的意义[⑪]。克里彭朵夫（Klaus Krippendorff）在他的研究中指出，设计师是产品意义的设计者，设计师是用户的代理者，设计师构建意义的方式就是用户即将构建意义的方式，也就是说即使用户会对产品意义进行再加工，用户也只是按照设计师构建意义的方式进行再加工[⑫]。湖南大学赵丹华博士提出了设计师和用户共同对造型特征与概念语意进行双重编码的汽车造型

---

① Donald A. Norman. The Design of Everyday Things 设计心理学[M]. 梅琼译. 北京：中信出版社, 2003 V-XIII.

② 赵江洪. 汽车造型设计：理论、研究与应用[M]. 北京：北京理工大学出版社，2010.

③ 李乐山. 工业设计心理学[M]. 北京：高等教育出版社，2003，30.

④ 鲁道夫·阿恩海姆，朱疆源. 艺术与视知觉[M]. 滕守尧译，成都：四川人民出版社,2001,1-10.

⑤ S.Balaram. Product symbolism of Gandhi and Its Connection with Indian Mythology. Design Issues.1989, 5(2)68-85.

⑥ Reid R.Heffner, Thomas S.Turrentine,Kenneth S. Kurani. A Primer on Automobile Semiotics.Institute of Transportation Studies Working Paper. 2006, 64(2),139-152.

⑦ 张文泉. 辨物居方，明分使群——汽车造型品牌基因表征、遗传和变异[D]. 长沙：湖南大学汽车车身先进设计制造国家重点实验室，2012, 1-10.

⑧ 赵丹华，何人可，谭浩等. 汽车品牌造型风格的语义获取与表达[J]. 包装工程，2013, 34(10):27-30.

⑨ 朱毅,赵江洪. 造型美学属性及其多向性研究[J]. 包装工程，2014, 35(18): 25-29.

⑩ Victor Margolin,Richard Buchanan. The idea of Design. London: The MIT Press. 1995.XI-XXII

⑪ Mihaly Csikszentmihalyi, Eugene Rochberg-Halton. The Meaning of things, Domestic symbols and the self. Cambridge: Cambridge University Press,1981,1-10.

⑫ Victor Margolin, Richard Buchanan. The idea of Design.London: The MIT Press. 1995,156-184.

设计方法[1]。

通过对面向产品认知的设计研究综述分析，可以看到在技术不断发展过程中，设计师借助产品符号学和语义的方式，提供了对产品使用认知上的引导和帮助，并没有因为产品技术和性能提高增加了产品使用上的难度。同时也可以看到，最终产品语义不论是由自设计师、用户还是用户与设计师一起所构建，不可否认的事实是，人类通过设计方式构建了人造物的世界，并影响改变了人类生活，这也是接下来要综述的内容，设计可以创造一个新事物，一个新世界。

1.2.2 面向设计思维的设计研究

设计思维（Design thinking）研究始于20世纪末，哈佛大学皮特教授（Peter G.Rowe）在1987年首次使用"设计思维"作为他出版著作的书名。设计思维是指设计过程中设计师特定认知方式，代表了一种方法学或方法论，然而，设计思维不仅仅专指设计师的认知方式，包括人们理解和发展解决特殊问题的创新方法，可以跨越设计层面，从战略的层面关注问题求解和创造一个新事物的创新方法。

1999年第一届"设计思维学术会议DTRS"（Design Thinking Research Symposium）在荷兰代尔夫特理工大学召开，会议主旨为"从设计思维视角，探讨设计和设计方法"。从那时起，涌现出许多基于不同理论的设计思维模型，形成丰富、多样的面向复杂现实的设计研究[2]。

设计思维作为一种研究范式，涉及来自不同领域的研究问题。比如，越来越多的商业学校为非设计人士开设了设计思维课程，出现了大量设计思维与商业创新的研究成果，早在2007年DMI（Design management institute）秋季版主题就是"设计作为一种战略和创新资源（Designing as a Source of strategy and innovation）"，讨论设计师解决问题的独特思维对于商业成功的作用，反对把设计作为创新过程的刺激物。英国学者布鲁斯（Bruce.M）和库珀（Cooper）认为，在产品开发前端的需求研究对产品开发非常重要，它决定着一个产品成功与否，因此，从信息获取、信息转化和需求生成角度研究设计管理[3]。意大利米兰理工大学罗班道教授（Roberto Verganti）认为，设计驱动创新不同于技术驱动创新，也不同于市场驱动创新，设计创新其实是一种对意义的创新，从心理和文化的层面解释了产品意义，构建了意义创新战略[4]。清华大学蔡军教授也指出，设计主导型的战略思维会引领企业在技术运用和用户体验上的开发创新，将会使企业具有更加系统和独特竞争优势[5]。浙江大学陈雪颂博士对设计驱动创新的机理与设计模式进行了研究，从组织、流程和渠道三方面，提出了相应的设计模式升级方法[6]。亚历山大·奥斯特瓦特（Alexander Osterwalder）和伊夫·皮尼厄尔（Yves Pigneur）根据商业模式构造的相似布局或相似行为，提出了五种基本商业模式[7]。

通过来自商业领域人们对于设计思维的应用和关注，也可以看到设计思维的新变化，首次从战略层面思考问题的解决方案。以前设计尽管也在不断地关注问题

---

① 赵丹华．汽车造型的设计意图和认知解释[D]．长沙：湖南大学汽车车身先进设计制造国家重点实验室，2013，1-5.

② Paul A.Rodgers. Articulating design thinking.Design Studies, 2013, 01(34),433-437.

③ Bruce,M.,Cooper, R. & Vazquez, D. Effective design management for small businesses.Design Studies,1999, 20(3),297-315.

④ Roberto Verganti. Design-Driven Innovation.Boston: Harvard Business Press, 2009.

⑤ 蔡军．设计导向型创新的思考[J]. 装饰，2012(4):23-26.

⑥ 陈雪颂．设计驱动式创新机理与设计模式演化研究 [D]．杭州：管理学院，2011，183-189.

⑦ Alexander Osterwalder). 商业模式新生代（经典重译版）[M]. Yves Pigneur，黄涛，郁婧译．北京：机械工业出版社．2016,1-10.

的解决，但是设计一直是一个自适应过程，随着数字技术和信息科学发展，加速了全球化交流和合作，也使得人们逐渐意识到人类和自然系统的复杂性，以及不断膨胀的人类活动给社会和自然所带来的威胁。

设计思维是一个新的研究领域，比较难对其准确定义，但是不难理解的是设计思维的目的在于探寻事物的本质。1983年克里彭朵夫（Klaus Krippendorff）就对设计做了如下解释："设计就是赋予物以意义，就设计而言存在一个矛盾的空间，这个矛盾体现为设计既要做一些新的东西，又要让人们对设计的东西可理解可认知，在设计发展过程中设计更多地关注于产品的理解与认知问题，而赋予产品一个新的意义才是产品设计的根本[①]。"由此可以看到克里彭朵夫对产品新意义的肯定，以及设计对构建未来生活的作用，也进一步看到产品意义的探索对设计思维理论以及社会发展的重要性。

1.2.3 面向数字技术和互联网的设计研究

马克·第亚尼（Marco Diani）把"数字社会"和"信息社会"称之为"非物质社会"，工业社会以原材料和体力劳动为产品价值的衡量标准不同的是，信息社会主要以知识为产品和服务的价值衡量标准，标志着社会价值载体从"硬件"转变为"软件"[②]。

数字化让我们看到原来物还有另外一种存在方式，而这种方式弱化了物本身，自然带来的结果就是物的功能的凸显，即物能带给我们什么，当尝试回答这样的问题时，"服务"的概念也就产生了，即物带给人类的内容。数字化技术让我们对物有了更为深入的认知，尽管在20世纪第一代现代设计主义大师已经明确提出，设计的目的是人，功能是产品的根本，数字技术的发明，让这种设计道理变得更加直观与明了。2011年Bayer血糖仪获得了美国MDEA（Medical Design Excellence Award）设计创新奖，获奖的理由就是该产品可以实现血糖数据管理，并且可以把数据通过互联网传送给医院的医生[③]。由此看到数字技术和信息科学让一个产品具有拥有更多功能的可能，可以提供更多曾经未曾有过的服务。

至此，设计对象不再是传统意义上的产品，设计所涉及的范围变宽，考虑的内容更为复杂，原有设计方法不再能满足当下的设计要求。清华大学王国胜教授从设计范式、语境、程序与方法几个方面对服务设计进行了解析[④]。为了探索提升客户的满意度，提供尽可能周到的服务，众多学者也对此从手段和方法上进行了研究，比如为了更真实地感受用户所处的现实情境，芬兰的伊珀（Ilpo Koskinen）、图力（Tuuli Mattenlmäki）、卡瑅（Katjia Battarbee）提出了移情设计法用于产品设计[⑤]。湖南大学陈星海博士就提升用户体验，构建了包含网络消费体验的7要素和5个度量指标体系的设计方法模型[⑥]。浙江大学罗仕鉴教授和胡一提出了基于大数据，面向用户体验的软硬件整合+App的设计创新模式[⑦]。江南大学李世国教授从物联网的角度探讨了设计创新思维的转变，提出了基于物联网的智慧型产品设

① Krippendorff K. On the Essential Contexts of Artifacts or on the Proposition that Design is Making Sense(of Things). Design Issues. 1989, 5(2): 9-38.

② 马克·第亚尼. 非物质社会—后工业世界的设计、文化与技术[M]. 腾守尧译. 成都：四川人民出版社. 2001,1-30.

③ 王国胜. 服务设计与创新[M]. 北京：中国建筑工业出版社. 2015,1.

④ 王国胜. 服务设计与创新[M]. 北京：中国建筑工业出版社. 2015,16.

⑤ Koskinen I, Mattelmaki T, Battarbee K. 孙远波，姜静，耿晓杰译. Empathic Design-User Experience in Product Design移情设计——产品设计中的用户体验[M]. 北京：中国建筑工业出版社，2011.

⑥ 陈星海，何人可. 大数据分析下网络消费体验设计要素及其度量方法研究[J]. 包装工程，2016, 37(8),67-71.

⑦ 罗仕鉴，胡一. 服务设计驱动下的模式创新[J]. 包装工程，2016, 36(12),1-4.

计策略[①]。同济大学高博教授以高校图书馆为例，提出了将使用者、互动过程与空间三位一体的整合服务设计方法[②]。

信息化社会的到来，就像当年工业革命的到来，谁也无法阻止。设计方法探索的确极大地改善了服务质量，提升了用户的满意度，在当下相互竞争的游戏规则下，更周到，更方便、更满意似乎成为服务的标准，但提供什么样服务也逐渐成为人们关注的部分，因此提供什么样服务的探索同探索服务模式以及服务标准等内容同样重要。

1.3 研究对象

1.3.1 研究的问题与内容

本研究以意义导向为研究视角，以产品设计方法为总体研究对象，具体包括从产品本体角度对产品意义的研究、从设计行为对产品与设计意义的研究，以及获取产品意义的方法研究。为了探清上述对象，研究的课题为《意义导向的产品设计方法研究》。其中，“产品设计”是本书主要的研究领域，“产品与设计行为”是本书研究的对象，“意义导向”是本书研究的主题。

本书三个基本的研究问题分别为：

（1）从产品本体看，产品的意义是什么？

（2）从设计行为看，设计的意义是什么，以及设计行为对产品意义的影响？

（3）在具体设计实践中，获取产品意义的方法是什么？

基于产品本体对产品意义研究主要包括，产品意义的存在方式，产品意义存在的基础，产品与人的关系以及产品意义的属性。产品意义存在的基础与产品意义的属性是该部分研究的难点。

基于设计行为对产品意义研究主要包括，设计行为的目的性，设计方法与设计过程特点，以及设计行为对产品意义的影响，设计行为自身特点以及设计行为对产品意义的影响是该部分研究的难点。

在具体设计实践中，产品意义获取的过程有什么样的特点，具体方法是什么，新的产品意义又是如何被认知，以及呈现它的方式是什么？

1.3.2 关键术语的限定与解释

为确保本书所探讨问题的准确性和学术性，现对研究所提出的关键术语进行定义和概念分析：

1. 产品（Product）

产品是物的一种类型，是区别于自然物的一种人造物。根据产品定义，产品可以流通于市场，被人们消费和使用，且能满足人的某种需求，它可以是有形的，也可以是无形的东西，比如某种服务。另外产品不是指某一部件或零件，是一个完整意义的“物品”。尽管产品主要是一个物理概念的实体，但产品背后包含了人的需求性、目的性和意义性。现代意义的产品也包含了服务、活动等扩展领域。

2. 意义（Meaning）

本书所研究的意义是指，设计赋予产品一种新的理解（Understanding），一种新的理解方式；而不仅仅是所谓可理解（Understandable），一种完全建立在现有理解的方式。二者之间既有联系，又存在本源性的差别。

这种新的理解主要是指，从人类造物的目的理解的产品意义，不是从符号学和语义学角度出发，面向认知或美学层面理解的产品意义。另外，一个产品的意义会

---

① 李世国，昝赤玉. 论物联网时代的工业设计创新思维. 创意与设计[J]，2013, 1(5),51-55.

② 高博，殷正声，张良君. 服务设计应用于创新型高校图书馆的设计实践. 2016, 37(2) 61-64.

包含来自用户的意义和设计师所赋予的意义，但是本书所指的产品意义是来自设计师所赋予的意义。

3. 设计过程（Design Process ）

在本研究的视角下，产品设计的过程是赋予产品意义的过程，本书把产品设计过程划分为微观和宏观两个方面，微观方面主要是指，新的产品意义获取过程，它不是指生产制造上的产品设计过程，是脱离已有意义产生新意义的过程；宏观方面主要是指产品开发的整个过程，不是从企业管理角度理解的产品开发流程，是在设计思维下的，意义导向的产品开发过程，包含产品意义获取和改变用户认知的设计过程。在研究中，产品意义获取过程中的设计方法和设计思想是研究的重点。

1.3.3 选题意义

作为区别于自然物的人造物——产品，既可以按照对自然物的认知方法从产品组成、结构、属性去理解，也可以从人类造物的目的和产品意义去理解，而设计活动的核心在于规划“事物”，尤其对于创造一个新的且从来没有的产品，明确产品意义对于设计创新活动具有不可忽视的作用。另外随着社会不断发展，相比以往的设计活动，今天的设计活动变得异常复杂，涉及多方利益的权衡。以意义为导向，探讨产品设计方法具有重要的理论和现实意义。

本书从实际设计现象入手，提出意义对于产品的重要性，然后展开对意义导向的产品设计方法进行研究。本研究从产品本体角度探讨意义的本源性，产品是意义的存在方式，人是产品意义存在的基础，社会性重新限定了产品意义的属性，这些都成了本研究的内容。由于人类行为所具有的目的性，从设计行为的角度分析意义，旨在探求设计行为背后设计的目的性，以及设计行为和设计过程的特点与规律对产品意义产生的影响，具体分析了设计方法与过程与设计内容之间关系，采用学术训练实践方式实验和探讨了意义获取的方法与过程，最后提出了意义导向的设计思想与策略。在设计理论和设计实践上，都具有一定的现实指导意义。

在理论层面，本研究出于对人类造物目的的关注，提出了意义导向的产品设计方法，从人的需求性和社会的需求性角度解析了产品意义，丰富了产品意义概念及理论。在产品设计方法上，本研究提出了微观的设计过程和宏观的设计过程，在这两个过程中都探讨了人的主观性对于设计创新的作用，尤其设计在重逻辑推理和重科学性的今天，该课题的探讨对设计理论研究有一定的学术价值。在设计过程上，本研究从方法层面探讨了产品意义获取过程，对产品设计方法理论探讨有一定的参考价值。

在实践层面，首先本研究基于实际设计现状，围绕现实的设计问题，通过案例分析、文献法、调研、访谈与课题实践等方法，分析了意义导向的设计方法对产品设计的重要性和可行之处，因此意义导向的产品设计方法，对产品设计实践活动有一定的现实参考作用。另外，在具体研究过程中，本研究采用理论与实践相结合的方式，对一些概念做了深入探讨，比如产品意义、人的需求性、设计行为、设计合作模式等，这些概念与内容都对具体的设计实践活动，有较好的指导作用。

本研究还从设计思想和设计策略层面，客观探讨了设计师和用户之间的关系，以及在未来生活构建中，企业对未来社会的作用以及应承担的责任，这些既丰富了设计理论又对设计实践有一定的指导作用。

1.4 研究方法与组织思路

1.4.1 研究方法

本研究采用了“理论依据”和“事实依据”相结

合的设计研究方法。“理论”是关于基本概念、范畴、属性、规律等的研究，具有一定稳定性、根本性以及普遍性，“理论依据”是从理论层面进行的理论和逻辑探讨，成为本研究在理论层面的依据，保证设计研究的“求真”。“事实依据”主要是指通过观察从实验或案例实践中获得理论，使分散的经验事实互相联系起来，构筑成新理论体系，保证研究的“求用”。

本研究的“理论依据”主要包含基于产品本体和以设计行为本体两方面研究，通过这两个方面的研究，旨在从理论上实现对产品意义的理解。主要采用的方法为“文献阅读法”，比如在哲学视野中对人与物关系的研究，以及设计发展演变的研究中都采用了该方法。

在“事实依据”方面，本书主要以案例分析和实验为主，希望通过实验数据分析获得有关产品意义的新理论。本研究主要有三个实验，分别为：对用户需求的模糊性实验、合作方式与产品意义之间关系实验和产品意义获取实验。在用户需求的模糊性实验中还采用了“观察法”、“调研法”和“访谈法”。在合作方式与产品意义之间关系实验中还采用了“现象描述分析法”和“扎根理论分析法”。在产品意义获取实验中，主要采用了“回顾性调研分析法”，通过对实践过程与方法回顾，对有新意义产生组与无新意义产生组进行对比分析，构建了相关设计过程与方法模型。

针对所研究的问题，本研究还采用了史学研究方法中的“比较法”、“案例分析法”、“聚类分析法”和“过程反思”等方法。

1.4.2 研究组织与结构

基于前面的研究思路和方法，本书共分为5章，总体框架如图1-1所示，各章具体内容如下：

第1章为绪论。主要从研究背景、文献综述、研究对象和研究方法与组织思路四个方面介绍了本研究基本情况。研究背景主要从社会背景、设计背景和课题背景三方面描述了问题由来及相关背景和值得去研究的理由。相关研究文献综述也从三个方面概述了其他研究学者就本研究内容所进展的情况。研究对象详细介绍了本书研究内容、研究问题以及相关概念和关键词，在最后就本研究所采取的研究方法和本书组织基本思路做了介绍和说明。

第2章是从产品意义本源进行的研究。分为三个部分：产品的意义、产品意义溯源以及产品意义属性研究。研究策略是通过对产品本体研究实现对产品意义理解，研究路线是从产品现象入手探讨产品意义研究的必要性，从哲学层面对物的认知变迁进行了研究，提出使用是物的意义基础，然后从人的角度对产品意义进行溯源，从人的需求角度探讨了人和产品意义之间关系，提出了产品意义是关于人的，面向人类未来生活的各种可能性和应该性，最后从产品的引导性和观念性角度探讨了产品意义属性，指出产品意义还具有社会属性。这些都构成能了本研究的理论基础。

第3章是从设计行为角度对产品意义与设计演变进行研究。本章研究也分为三个部分：产品意义与设计演变、设计方法与设计过程以及设计合作研究。研究策略为通过设计的工具性研究实现对设计行为背后人类造物目的的研究，以及从方法上探讨设计和意义之间的关系。研究路线是从设计演变进行研究，探讨设计背后人类赋予设计作用的变化，指出设计从满足自身需求到成为化解社会矛盾的手段，在此也指出理解设计的两个语境——商业和社会语境；其次，从设计行为本身进行的研究，从设计研究变迁探讨了设计方法和内容之间的关系，从设计行为本身探讨了设计行为的特殊性，以及外部条件（设计合作方式）对于设计行为的影响。这些也构成了对产品意义研究的第二部分理论基础。

第4章是从设计实践的角度探讨了产品“创意”获取方法与过程。这部分属于本研究的“事实依据”部分。本章研究分为两个部分：产品意义获取过程和产品

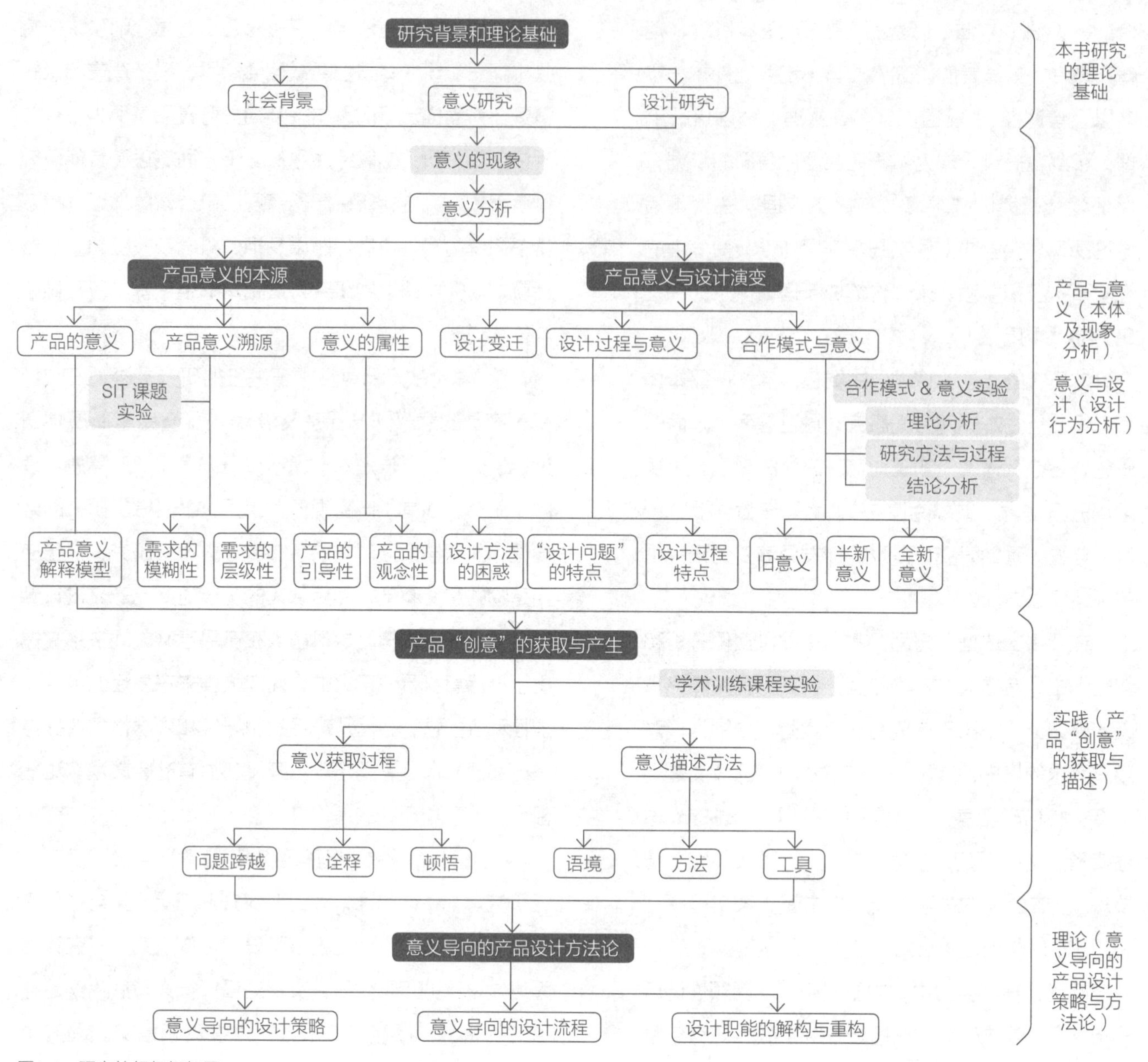

图1-1　研究的组织框架图

意义描述。研究策略是通过具体设计实践研究实现对产品意义获取过程的研究，从研究数据中找到产品意义的新理论。研究路线是以学术训练实践为研究对象，通过对设计结果和设计过程回顾以及调研分析，展开了对本实验的研究，构建获取产品意义获取方法与过程模型是本研究的目标，也是本章研究的重点。最后一部分为产品意义描述部分，从策略、方法和手段三个方面进行了系统论述。

第5章为意义导向的产品设计方法论部分。本章从三个方面阐述了意义导向的产品设计方法论，分别是：设计策略与思想、设计过程、设计相关职能再定位。研究策略是从方法上升到方法论。研究路线是基于前面章节的讨论提出意义导向的产品设计方法论，以及设计思想。

第2章 产品意义的本源

2.1 概述

美国卡耐基梅隆大学沃格（Craig M. Vogel）教授在他的《创造突破性产品》（Creating Breakthrough Products）研究中，把“好产品”定义为拥有好造型，高技术的产品，更为关键的是“好产品”还拥有高的价值，而这种高价值体现为个体期待的产品与服务对他们个人带来的影响程度，对此，他提出了提升产品价值的七个机会点[①]。通过对一些案例的研究，本研究注意到除了沃格（Craig M. Vogel）教授所说的七个机会点外，“好产品”还拥有一个共同的特征，即产品的意义发生了改变，成为一个有新意的产品。

美国宾夕法尼亚大学传播学院克里彭朵夫（Klaus Krippdorff）教授在他1989年发表的论文中，明确指出设计就是赋予物品以意义[②]。同时，提出了一个重要的设计理论问题：即所谓设计的悖论。一方面，设计的本质就是创新，创造新的、未知的东西；另一方面，设计又必须是可理解、可知的东西，否则无法与用户交流。前者强调新的和从无到有的创新设计；后者强调可理解和可知的交流性设计。任何事物的识别和理解都是建立在与已有事物的联系性和相关性上的。由此，克里彭朵夫（Klaus Krippdorff）提出了“产品语义学”，认为产品应该建立使用情景下的象征性意义和自我说明意义。他又进一步指出，在设计发展过程中，设计更多地关注于产品的理解与认知问题，而赋予一个新的意义才是产品开发的根本。

本研究中所指的意义是，设计赋予产品的一种新的理解（Understanding），一种新的理解方式；而不仅仅是所谓可理解（Understandable），一种完全建立在现有理解基础上的方式。二者之间既有联系，又存在本源性的差别。同样，产品物理意义的理解，如结构、材料、颜色等是一种理解；而产品与人的关系意义上的理解，是另一种理解。二者之间既有联系，也存在本源性的差别。这些都是容易混淆和忽略的问题，都是本书试图探讨和梳理的内容。

本章从产品本体及现象的角度分析产品的意义。主要分为三个部分，产品与意义、意义存在的基础和意义的属性。在产品与意义部分，首先从现象的角度论证意义是存在的，探讨哲学视野中物的认知变迁，因为它是人对于物的理解与认知的基础；在意义存在的基础部分，主要从人的需求性的角度，分析产品的意义或者无意义，因为产品有无意义本源上是人，人的需求性直接构成了产品意义存在的基础，单纯谈产品的物理意义有一定局限性；在意义属性部分，主要从社会的角度，分析社会和意义之间的关系，因为人是社会性的，产品意义必然和社会存在发生关系。产品意义的本源讨论为后续产品设计方法的研究提供基础。

本章研究采用案例分析、文献查阅、入户调研实验等方法探讨与分析产品意义的本源。结合调研资料、数据以及文献研究，通过对设计现象解析与总结，构建产品意义理论框架。

2.2 产品的意义

2.2.1 产品意义源于产品价值

意义源于价值既是一种经济学观点，又是一种设计

---

① Jonathan Cagan, Craig M.Vogel. 创造突破性产品[M]. 北京：机械工业出版社，2003,10.

② Krippendorff K. On the Essential Contexts of Artifacts or on the Proposition that Design is Making Sense(of Things). Design Issues. 1989.5(2):9-39.

学观点。在经济学中，社会是由一系列交换活动组成，常以交换和贸易的形式来描述人类社会，产品便是这交换活动的主要内容[①]，物美价廉成为产品的评判标准。在设计学中，产品以用具的形式融入人们生活的方方面面，为生活提供便利成为人们对产品的期望[②]。究竟什么样的产品是一个好的产品？

卡内基梅隆大学设计学院沃格教授（Craig M. Vogel）提出了造型和技术二维分析图，好的产品通常位于坐标图的第一象限（图2-1），包括好造型、高技术和高价值三个要素，认为单纯的造型驱动、成本驱动和技术驱动并不是好产品的充分条件。而产品开发过程，可以看作是通过技术、造型和成本结合向第一象限逼近的过程（图2-2）。

值得注意的是，在沃格教授（Craig M. Vogel）模型中，造型和技术是好产品的基础的测量维度，而价值是模型的重要内涵，也就是说除了造型和技术两个维度之外，在模型中还存在更为重要的第三个维度价值。按照经济学理论，价值被看作是一种基于价格的产品功能和服务的判断标准，高价值往往体现在以最低的价格获取最多的功能和服务。沃格教授（Craig M. Vogel）认为，价值应该由产品功能和服务，而不是成本驱动，而产品功能和服务最终体现为个体期待的产品或服务对他们个人所带来的影响程度。

沃格教授（Craig M. Vogel）提出了产品价值提升的七个机会点，分别是：情感、美学、产品形象、人机工程、影响力、核心技术和质量（图2-3），这些点也是提升产品对人影响程度的提升点。情感关系用户体验，美学主要着眼于感官感受，产品形象展示了独特性和适时的风格以及与环境的协调性，人机工程主要指产品的可用性，影响力主要指对社会和环境的影响，核心技术主要是指能够达到人们所期望的性能，而且工作稳定可靠，质量包括制造工艺和耐久性两方面属性。情感、美

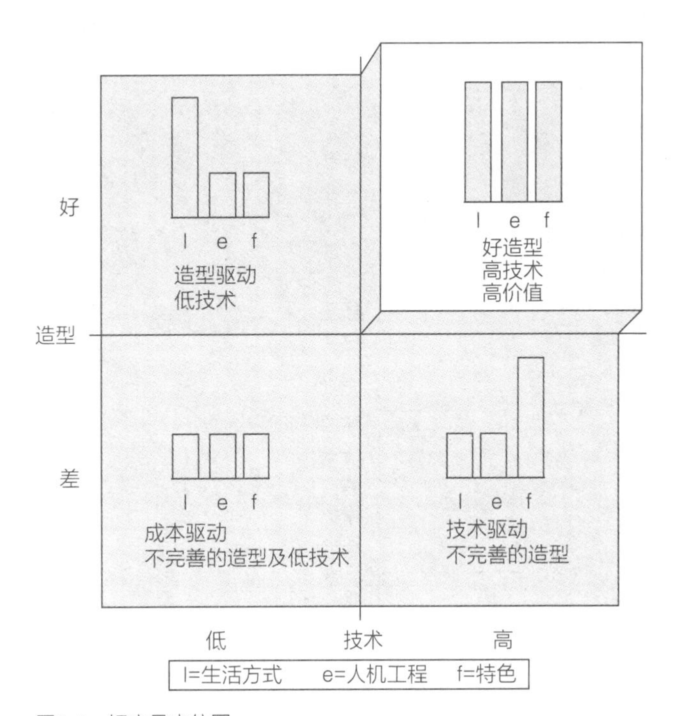

图2-1 好产品定位图
（图片来源：Jonathan Cagan, Craig M.Vogel, 2003）

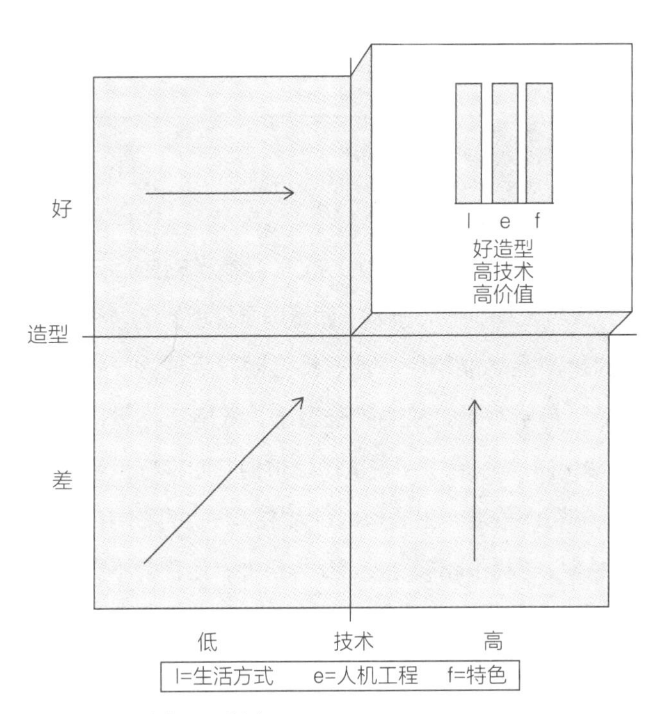

图2-2 向高价值逼近的过程
（图片来源：Jonathan Cagan, Craig M.Vogel, 2003）

① Alfred Marshall. 经济学原理[M]. 章洞易译. 北京：北京联合出版社，2015，25.

② 何人可. 工业设计史[M]. 北京：高等教育出版社，2005，6-8.

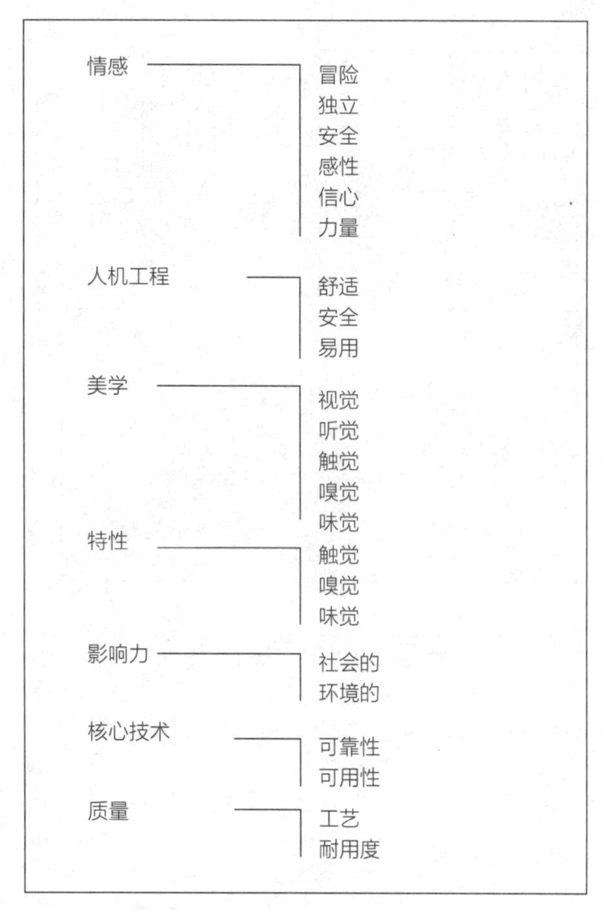

图2-3 提升产品价值的机会点分析
（图片来源：Jonathan Cagan, Craig M.Vogel, 2003）

学、产品形象和社会影响力关乎消费者的生活方式，人机工程、核心技术、质量以及环境影响力关乎的是产品功能特色，这些都会对产品成为“好产品”有所贡献。从中不难看出，沃格沃格教授（Craig M. Vogel）所说的产品价值判断指标且带给人的影响程度，主要是指对人生活方式的影响。虽然这种解释不能被直接定义为价值，但它并不影响对价值的理解，美国Fitch设计咨询公司在产品开发中也采用了同样解释描述成功产品。

沃格教授（Craig M. Vogel）认为这七个机会点是改变产品可用性、易用性和被渴求程度等具体产品属性的七个点，通过这七个点的改变，可以实现对产品价值的提升。本研究认为，除了从这七个机会点提升产品的价值外，还可以通过改变产品的“意义”提升产品价值，因为高价值的产品还具有一个重要的属性或特点，就是它还拥有了一个新的意义。

图2-4为1954年德国徕卡公司（Leica）的M型相机和1961年日本佳能公司（Canon）推出的Cononet相机，两者具有相似的造型语言。但佳能Cononet相机与徕卡相机不同之处在于，佳能赋予了Cononet新价值和新意义——所谓“傻瓜机”，它只要轻轻按动快门，便能留下人们美好生活的瞬间，每个人都可以成为摄影师，这是世界上第一台傻瓜机[①]。

海尔集团于1996年开发的一款小容量洗衣机，洗衣容量只有1.5公斤，一投放市场立即受到用户青睐，这也是后来进入哈佛经典案例的激活“休克鱼”案例，现累计销量突破千万台[②]。海尔（Haier）小小神童洗衣机改变了人们的洗衣习惯，使得随时洗、及时洗得以实现，它呈现了一种新的卫生习惯和洗衣习惯[③]。

Wii是日本任天堂公司2006年11月推出的家用游戏机，是一款全身体感式非拇指式的游戏机，全球累计销量突破1亿台。通过指向定位和动作感应，使得游戏

图2-4 LECICAM M型&Canon Cononet 相机

① 伍振荣．胡民伟，黎韶琪．莱卡相机故事[M]. 北京：北京出版集团，2012，30-35.

② 胡泳．海尔中国造之竞争战略与核心能力[M]. 海口：海南出版社，2002，19-20.

③ 吴雪松．海尔设计研究[D]. 长沙：湖南大学设计艺术学院，2005，6.

方式与现实运动和游戏的方式一样自然，人们可以通过挥动手臂过头顶对打网球，晃动手臂实现高尔夫球运动，也可以通过旋转方向盘参加汽车拉力赛，还可以通过击剑的方式参与搏斗或通过向目标射击实现真枪射击。与同期竞争对手微软Xbox360及PlayStation3不同的是，任天堂Wii让电子游戏变得再也不是躲在房间里玩的一种指尖游戏，它是全身的、不同人可以共同参与的游戏①。

意大利菲亚特（Fiat）汽车公司的Panda汽车尽管是一辆低端车，它打破了人们对于低端车的认识，认为低端车是高端车的一个降低版本，功能少点，性能差点，而实际Panda汽车并不仅是因为它价格便宜，而是因为它满足了人们对它的基本需要②。

另外一个例子就是Swatch的手表。当时在市场上的手表就是一个计时工具，各品牌纷纷把注意力放在记时的精度上。但Swatch公司赋予了手表新的意义（Meaning），使得手表不再与精密的仪器划等号，它像衣橱里的领带，不同的衣服有不同的手表搭配，实现了从计时工具到时尚饰品的跨越，使得人们发现手表原来可以这样使用③。

下面的例子就是Sony的Walkman随身听，Walkman随身听是日本Sony公司于1979年推向市场的个人便携式放音机，Walkman随身听的诞生使得音乐可以随身携带，人们随时随地感受音乐，再也不是肩扛面包机式的情景，改变了听歌的方式。

当然，还有沃格教授（Craig M. Vogel）在他的研究中所提到的美国办公家具公司赫尔曼·米勒（Herman Miller）的Aeron办公椅。这些产品除了受到用户的喜爱和不凡的市场表现外，还有一个共同的特征是它为人们带来了一种新的生活方式，体现了高价值，产品具有一种新的意义（图2-5）。

由此可见，产品意义源于产品价值，产品价值提升意味着产品带给人在生活上影响力的提升，而产品意义是改变这种影响程度的途径之一。通过以上案例分析可以得出以下初步结论：

（1）产品价值既是一种经济学观点，又是一种设计学观点；

（2）产品价值既是设计的机会，又是意义创新的机会。

（3）“产品意义”是提升产品价值的有效途径。

意义

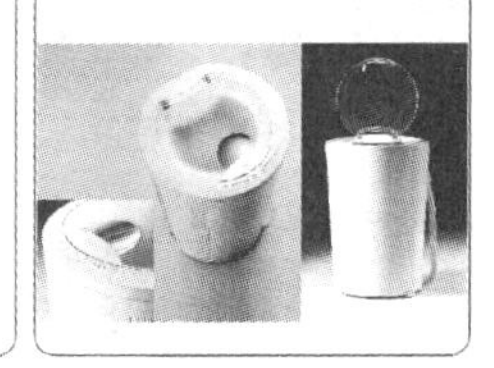

图2-5　产品与意义

---

① 吴雪松．赵江洪．意义导向的产品设计方法研究[J]，包装工程，2014，35(18)21-24.

② Omar Calabrese.Italian Style Forms of Creativity. Milano: Skira editor, 1998.59-82.

③ William Taylor. Message and Muscle:An interview with Swatch titan Nicolas Hayek. Harvard Business review 1993(March-April),99-110.

2.2.2 物的意义基于使用

物的意义基于使用是一种认识论，认为物的意义本源是“使用”，而非其属性的认知。

在哲学视野中，对物的探讨存在着认识论传统向现象学生存论传统的转变。认识论传统揭示了“本质”和“属性”是物的意义基础，现象学生存论揭示了“使用”是物和用具的意义基础，[①]即从“实体”到“用具”，从“属性”到“有用性”转变。从亚里士多德（Aristotle）、笛卡尔（Rene Descartes）到黑格尔（Georg Wilhelm Friedrich Hegel）等，物在认知的角度被探讨着，认知传统强调对物的本质、属性的确认，本质和属性规定成为理解事物的关键，在这一传统中人与事物之间认识成为根本的关系。20世纪20年代胡塞尔（Edmund Gustav Albrecht Husserl）的弟子海德格尔（Martin Heidegger）从生存论的角度，对物的存在作了进一步的探讨，他说：“当我们关注我们日常身边熟悉的物时，实际上我们并不是尽可能让其客观化或者从概念上更好地理解它，相反我们首先的反应是这个东西是如何与我们打交道的。”同时他也从词源学上解释到，英文“Thing”，其实是关于人的一件事或一件事情状态的标记，也就是用以标记人实践的东西。后来海德格尔在他的著作中清晰地指出“工具”是物的原型，物以用具的方式出现，物在使用者的使用中，通过其工具的意义揭示了自身的存在，是与使用者的实践活动关联在一起的东西。这个世界之内的东西不是作为物理客体而被给予，还是作为有用的东西或一件件的用具而给定，继而形成物的现象学生存论，在此理论中人工物逐渐成为对物的主要指向。同时带给人们一种生存论的转变，即物的现象学理论实现了人与物关系的重新确立，认为物的意义基于使用而非仅仅对其本质属性的认知。

“使用”成为人们与工具打交道的基本方式，通过使用人类获得有用的体验，感受到“物”以用具方式带给人类的有用性。克里彭朵夫（Klaus Krippendorff）认为，产品是一种界面[②]，通过界面完成了人对物的使用。首先在具体的使用中，用户通过与界面（产品）一步一步地互动和操作，实现了产品的使用，因此产品也就成了指导用户操作的界面，而这种界面不应该让实现产品功能的各个部分或各个部件间产生混乱，影响用户的操作，比如一个产品的把手、按键、旋钮和屏幕等，反而这些对于用户应该是明确、清晰、有效甚至有趣的。对设计师在产品使用和操作上的安排和精心编排的理解有助于用户完成对产品的使用，因此理解设计师的设计意图以及产品设计的缘由对产品使用十分必要。就产品而言，这种界面功能也恰是产品语义学对产品设计的贡献，在造型上，产品必须具有自我说明的功能以及在使用情景中象征性功能。美国奥尔堡大学（Aalorg University）科勒教授（Kurt Dauer Keller）认为物的有形秩序是为了实现物的可用性[③]，由此可以进一步看出克里彭朵夫（Klaus Krippendorff）在此解释的界面，它的功能在于引导人完成了对物的使用，使人对物的使用成为可能，实现了物的有用性。随着劳动分工，产品的使用者和制造者将不再是同一个人，产品的设计制造和使用逐渐被分化成两件不同的事，设计师知道产品的形成原理，装配工艺以及它需求的市场，对用户而言，不了解产品内部工作原理，比如计算机内部程序运算过程，这似乎并不影响和阻碍用户对于计算机的使用，因此没有理由要求用户知道更多关于产品的材料组成、内部工作过程等，即人只需能够操作产品，完成使用，实现人在生存上对物的需要。

---

① 杨庆峰. 有用与无用：事物意义的逻辑基础[J]. 南京社会科学. 2009(4),38-42.

② Klaus Krippendorff,. An Exploration of Artificiality. Artifact 1, 2007,1:17-22.

③ Kurt Dauer Keller. The Corporeal Order of things: The spiel of usability. Human Studies. 2005(28),173-204.

克里彭朵夫（Klaus Krippendorff）又进一步指出，产品是界面还有另外一层含义，产品是连接用户与未来的一种界面。在生活中，产品为用户提供了各种使用的可能，例如一张凳子，它不仅为人们提供了坐和休息的可能，人们还可以踩着它够取平时无法够及的空间，还可以在椅面上堆放存储物品等。摆在人类面前的产品，它犹如通向未来的一条可能之路，这种可能包括人类希望发生和担心发生的一切，更为重要的是通过产品人类可以掌控还未到来或即将到来的未来。在克里彭朵夫（Klaus Krippendorff）借用“界面”概念对产品的解释中，可以看到他对于产品意义的理解，产品意义是通过“使用”得以实现无可置疑，即产品的有用性是通过人对物的使用实现的，但并不是说产品意义单纯是指使用，这里之所以讨论使用，是为了说明人类在对物的认知过程中存在从实体到用具，从属性到有用性的转变，“使用”是物的有用性得以体现的方式，它也成为价值判断的基础。

通过对物的使用研究，可以得出物的意义基于使用的结论，这为本研究深入研究产品意义导向的设计方法奠定了研究基础。

2.2.3 产品意义解释

产品意义在于人，这种观点是指产品本质上只能从“人造物”的角度才能解释其意义。

不论是一辆车还是一台洗衣机，它们都属于区别于自然物的人造物。人造物背后包含人类造物的目的性，因此目的性成为理解产品意义的有效途径。“人造物”的英文为“Artifact”，Artifact的词源是拉丁语“arte+factum”，arte是“艺术”或者“技能”的意思，factum则是“做”和“造”的意思，Artifact意思为人类用技艺制造出来的东西，因此当我们称某一物体为“人造物”时，实际上我们并不仅仅关注它物质性的一面，而关注更多的是造物的目的性，也就是它起源的故事，比如为什么要做，是谁做的等内容。相反，自然科学并不关心其背后的故事，它往往关注于属性、物理原因、化学变化以及生物过程，因此用自然物的认知方式来分析人造物，往往会忽略在物的构建过程中人的因素以及它背后的故事。因而对于人造物的认知，必然与其背后的故事有着密切的联系，比如考古学，就是一门通过考察人造物来理解当时文化生活的一门学科，反过来，对其背后故事的探究也就是理解人造物更好的方法。

关于人类造物的目的性，赫尔伯特·西蒙（Herbert Simon）从人工科学的角度进行了解释，在他的《人工科学》著作中，他把设计解释为：“设计关注事物应有的样子，即为了实现目标，发挥功能，事物应该是什么样子。”[①]从这个解释中可以看到，赫尔伯特·西蒙把“设计”同“解决问题”联系起来，将设计视为问题解决途径。也就是说人造物是为了通过特定活动解决特定问题达到特定目标才成为现实确定的“物”，产品提供了让事情得以顺利完成的方法，通过这种方法人类可以实现一切可能的目标，做一切能做的事，如有了汽车，人类可以到达更远的地方，汽车带给人类更多、更自由的走动空间。

按照赫尔伯特·西蒙对设计的解释，设计是解决各个层面问题的通道，意大利米兰理工大学设计学院埃佐·曼奇尼（Ezio Manzini）教授在《Design When Everybody Designs 设计》（《在人人设计的时代》）书中解释道，从这个角度理解设计并没有错，但是他认为在判断通过设计获得新方案或新方式怎么样或满意到什么程度时，显然需要有某种判断，而这种判断形成于人类造物目的性系统里，因此，埃佐·曼奇尼认为设计可以按照如下解释理解，设计关注于事物的本质，即为了创造有意义的新东西，事物应当是什么样子。[②]

① 赫尔伯特·西蒙. 人工科学[M]. 武夷山译. 北京：商务印书馆，1987.

② 曼奇尼，钟芳，马谨. 设计，在人人设计的时代[M]. 电子工业出版社，2016.

通过以上分析，产品有无意义，首先一定是相对人而言，本体论式的分析有一定的局限。其次，从人的角度理解产品，不论它带给人的是帮助①，还是完成事情的方法或关于某一问题的解决方案，其实就像克里彭朵夫（Klaus Krippendorff）说的，可以理解为产品带给人类面向未来生活的各种可能性，即可能是什么（Could be），正因为这种可能性的存在，才使得新产品充满了神奇魅力，激发并吸引人类不断去设计、制造和消费产品。而对这种可能性的探索，其实是人类不断追寻事物本质的过程，同时也是不断建立新的判断标准，寻找审视事物新视角的过程，新标准和新视角的建立也是为了理解事物应该是什么样，从这个角度看，人类在造物过程中，人造物产品带给人类的还包括事物的应该性，即应该是什么（Should be）。

因此，本研究所探讨的产品意义，它是关于人的，是指面向人类未来生活的各种可能性（Could be）和应该性（Should be）（图2-6）。这里的可能性和应该性不是指具体的人类某种可能的未来生活和应该过的生活，而是指通向或获得这种可能性和应该性的方法或途径。设计带给一件物或事最大的变化就是发生了变化，可能性预示的便是这种变化的发生。诺曼（Norman）认为，在人们的生产实践中，传统经验帮助人们能够迅速找到处理曾经发生过或类似问题的办法，随着时间推移，传统经验会被人们选择和接受，逐渐成为一种融入生活中的传统惯例和文化，这种惯例和文化又会约束可以产生变化的新方法的寻找和尝试。②埃佐·曼奇尼（Ezio Manzini）教授也认为，传统模式在应对曾经出现过的困境时，可以发挥作用，当面临新的困境时，传统模式就会失去它应有的作用，甚至阻碍对新方法的探索③。在此，文中所说的可能性，实际上是指一种与过去的、传统的和现有的生活方式和思维模式的“脱离”。斯威本科技大学福瑞得曼（Ken Friedman）教授认为，设计是考量一种状况，想象一种更好的状况，所以这种“脱离”不是对过去、传统和现有的彻底否定，而是一种提升和升华。

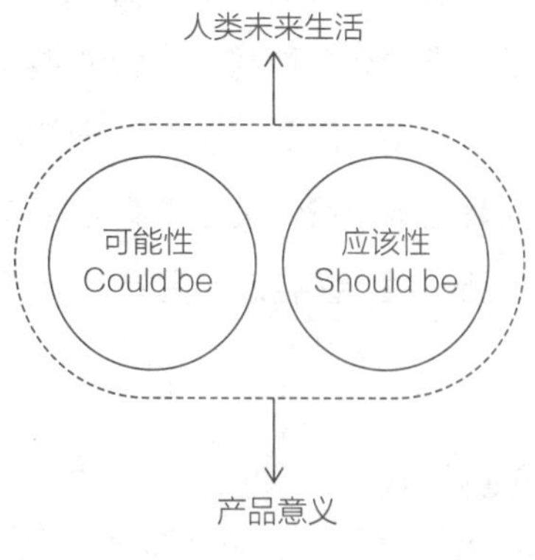

图2-6　产品意义解释模型

另外，书中所说的“应该性（Should be）”，是我们对新事物的期望，期望它能够达到某种程度或拥有某种品质。实际上，当我们谈论应该性的时候，在我们的潜意识中就已经包含了一种衡量事物的判断标准，这个标准或许是一种属性，一种规范，也可能是一种价值观，本书所指的“应该性”是指新事物应该拥有的某种属性。

以上对意义的解释，它为本书探讨产品设计以及设计方法划定了明确的指向与范围，同时也为接下来基于人的需求性，探讨产品意义提供了理由。

2.3　产品意义溯源

2.3.1　面向需求的产品意义溯源

意义研究也许存在多种途径，但一定离不开产品使用者，本书从人的需求角度出发进行探讨。人是设计服

---

① James J. Gibson. The ecological Approach to visual perception. Boston, MA: Houghton Mifflin,1979.

② Norman D A. Affordance, conventions, and design[J]. Interactions, 1999, 6(3):38-42.

③ 曼奇尼，钟芳，马谨. 设计，在人人设计的时代[M]. 电子工业出版社，2016:36-37.

务过程的主体，人的需求直接构成了最本源和最直接的设计基础。开创现代设计教育的德国包豪斯设计学校（Bauhaus）提出了“设计的目的是人而不是产品”，它从形式与功能之间的关系处理上再次明确了形式要服从功能，功能要考虑人的使用和需求[①]。发现用户的需求成为设计首要考虑的问题，关于需求的研究，主要有两位代表性学者。一位是建立人本心理学的美国著名心理学家马斯洛（Abraham H. Maslow），他从需求类别和类别之间的关系上对需求进行了解释。另一位是法国从事行为科学研究的奴廷教授（Joseph Nuttin），从需求产生的驱动力方面对需求进行了探讨。

马斯洛（Abraham H. Maslow）于1954年在他《动机与人格》著作中，首次提出了需求层次理论，把人的基本需求大致划分为五个层次，依次是：生理需求，安全需求，归属和爱的需求，自尊需求和自我实现的需求，且它们之间在结构上存在一定的层级关系，最终形成一个金字塔式的需求塔，塔的底层是来自生理上的需求，如穿衣、吃饭和居住等，它构成了整个塔之基础，意味着如果人的肌体得不到保障，满足人的其余需求也就变得毫无意义，随之第二层需求也不会出现。[②]

1984年，从事行为科学研究的奴廷（Joseph Nuttin）教授在其著作《Motiv ation, Planning, and Action》中，从行为的角度对人的需求作了解释，指出“需求”可以理解为人行为的一种驱动力，这种驱动力推动了人行为的发生。他进一步把产生这种驱动力的来源大致划分为两个方面，首先它是指人类自身所固有的生长和发展的基本动力，如人为了自身生存所产生的动力。另外一方面表现为人通过自己行为与外界环境所构成的基本互动关系，在这个关系中，每个人都具有保持和发展自己作用的动力。例如人要在家庭和社会中生存与发展，需要与公共环境进行交往，建立相应的作用关系，表现为上学、工作、沟通、娱乐、购物、就医等，这些作用关系成为促成人行为发生的驱动力。[③]

通过对两位学者有关需求解释的回顾与分析，可以明确的是，人的需求是在新产品出现之前就已经存在了，人的需求来源于人自身，在需求上，人是主动的，不是对外界刺激的回应或一种条件反射。另外，在两位学者的研究中，不管哪一类解释，都没有说人具体需要何种产品，具体是一部手机还是一辆汽车，只是人的需求可以外化为一种心理反应或产生某种行为的一种驱动力，产品仅作为一种媒介直接或间接地满足了人的某种需求。既然人的需求来源于人本身，人是否清楚地知道满足自己需求所需的产品，并能把它清晰地表述出来呢？如果答案是肯定的，那么通过对目标人群的询问，就可以知道满足他们需求的产品是什么了。如果不是，那情况又怎样呢？这成为接下来对人的需求性研究，进一步需要明确的内容，因为它直接关系着产品和产品意义的产生。

2.3.2 人的需求模糊性和层级性

不论什么时代，人们考虑的基本问题都是生存，对于生存的渴望直接形成人类的需求[④]。通过从前面对人的需求理论分析，可以看出人类实践活动的原动力来自人的需求，人的需求是主动。为了对人的需求性有进一步探究，本书通过大学生创新实验和创新训练（SIT）计划项目——现代家庭食物储藏方式研究，进行了关于人的需求性的入户调研和实验，笔者作为该项目的指导教师直接参与了该项目，该调研时间为2012年9月下旬和10月上旬。

---

① 何人可．工业设计史[M]. 北京：高等教育出版社．2005,118.

② 亚伯拉罕·马斯洛．动机与人格[M]，许金声等译．北京：中国人民大学出版社．2007.4.

③ Joseph Nuttin. Motivation,Planning, and Action. Translated by Raymond P. Lorion and Jean E.Dumas. New Jersey: Lawrence Erlbaum Associates, inc. 1984.

④ Victor Papanek. Design for the real world. Chicago: Academy Chicago Publishers,1971,3-28

实验目的：人的需求性，以及需求的明确性和模糊性。

实验方法：本实验调研对象为长沙市居民，以家庭为单位，本实验入户调研了30个家庭，30个家庭分布于长沙市两个区（岳麓区和芙蓉区）的13个不同的住宅小区。

课题组主要以现场对话和观察的方式进行调研，数据采集的主要方式为拍照、录音和笔录的方式。调研的直接问题是“平时买回的蔬菜放在哪里？蔬菜这样放有没有不便或有没有别的问题？”

实验数据与结论：调研的对象为家庭中主要打理日常生活的家庭成员，在30个家庭中，他们年龄跨度从36到78岁，男性为7人，女性为23人。职业有教师、工程师、编辑、银行职员、政府公务员、工人和自由职业者，还有退休在家的老人。厨房面积主要为5~10平方米。蔬菜主要购买地为小区附近的菜市场，只有5个家庭偶尔会在超市买菜。关于“购买回的蔬菜一般放在哪里”的问题，有21个家庭会直接放在厨房地板上，其中有16个家庭是直接在入户调研中观察到的，另外5个家庭是通过口头交谈获得的。有24个家庭说会把没有吃完的，多余的蔬菜直接放到冰箱冷藏区中，在实际调研中，确实在他们的冰箱冷藏区内有蔬菜放置，有部分是蔬菜直接放置在冰箱搁物架上，有些蔬菜连同菜市场包装的塑料袋一起放入冰箱冷藏区中。有12个家庭说也会把买回的蔬菜暂时放置在厨房灶台上（厨柜台面），在调研现场看到有4个家庭灶台上有蔬菜放置（图2-7）。

在实际观察中发现，大家堆放蔬菜的区域全部比较乱，只有两个家（22号、26号家庭）打理得比较干净，尽管大家在放置蔬菜时套了塑料袋，放置区明显还是有泥土和水的残留，由于经常把买回的菜堆放在同一个位置，那个位置也明显较脏，不仅地板还有墙面都有土、泥和水渍。由于蔬菜直接放在厨房地板上，有时会把蔬菜部分叶子踩坏，也会把泥土踩得厨房地板到处都是。

当问及需要一个什么样的厨房时以及如何临时存放蔬菜时，更多的家庭回答的是方便、整洁、好用和舒适。从中可以看出，大家对干净整洁的生活有需求，但在实际生活中具体是什么样以及如何做并不清楚。在后来追加的小实验中，当我们给大家提供了三款存放蔬菜的设计方案时，每个家庭都会或多或少按照自己的喜好和情况做出自己的选择（图2-8、表2-1）。

各家庭对于存放蔬菜设计方案的选择情况统计表　表2-1

家庭	方案		
	1	2	3
1号	○		
2号		○	
3号		○	
4号			○
5号	○		
6号			○
7号		○	
8号		○	
9号		○	
10号			○
11号	○		
12号			○
13号	○		
14号			○
15号			○
16号		○	
17号			○
18号			○
19号		○	
20号		○	
21号		○	
22号			○
23号			○
24号	○		
25号			○
26号			○
27号		○	
28号			
29号		○	
30号			○

28号家庭没有选择

图2-7　现代家庭食物储藏现场调研统计

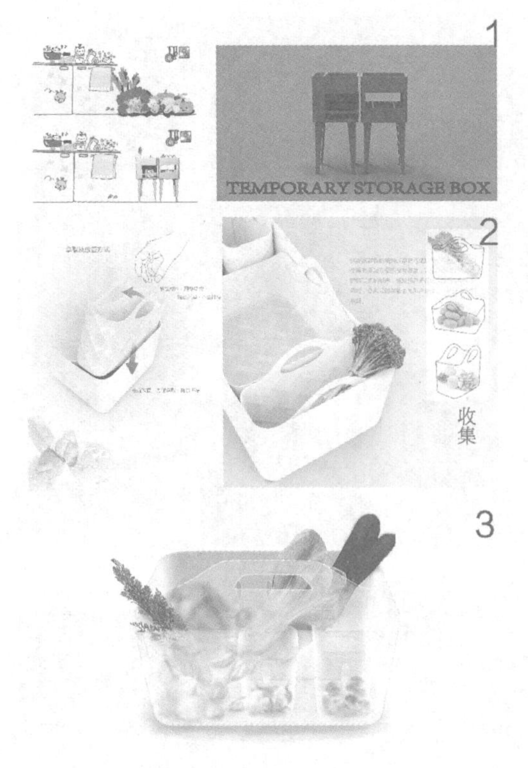

图2-8 临时存放蔬菜的三个设计方案图

实验讨论：在需求的模糊性中，这种模糊性首先表现为用户对于专业知识的模糊。在调研中，有24个家庭平时会把买回的蔬菜直接放入冰箱保鲜区中，他们购买蔬菜的主要地方是小区附近的菜市场，相比超市，菜市场卫生条件比较差，蔬菜的干净程度要低于超市包装好的蔬菜。被调研的24个家庭还会把蔬菜和开封的食品、一些敞口的熟食放在一起，尽管置于不同的搁置层中。从某种程度也反映出他们没有意识到，这样的蔬菜容易把不干净的东西以及微生物带入冰箱中，如果条件适宜，微生物就会繁殖，产生对其他食物的污染。他们把蔬菜直接放入冰箱中，在一定程度上可以反映出用户对于专业知识的模糊。另外从用户购买蔬菜的频率以及放置地方的数据统计，可以看到在调研的家庭中有过半的家庭通常会一次性购买2~3天的蔬菜，有极个别家庭会购买一周的蔬菜，而且通常他们会把这些蔬菜直接放置于厨房地板上，直到吃完。造成目前结果的原因可能是多方面的，但这些数据，在某种程度上，也反映了他们对于蔬菜营养流失以及健康饮食的模糊。对专业性知识的模糊，可以看作是造成不能找到事物解决方案，明确说出具体需求之物的直接原因，这种模糊性间接表现为对具体方法的未知性和模糊性，随着社会分工和专业化，这种模糊性会越来越明显。当然这里的专业不仅仅专指某项技术的专业性，还包括看待事物的视角以及对事物的理解方式，如对未来家的思考，甚至是对幸福生活形态的思考，这些都构成了对产品意义的探讨（图2-9、图2-10、表2-2）。

另外，在调研中发现每个家庭主妇（主夫）由于受

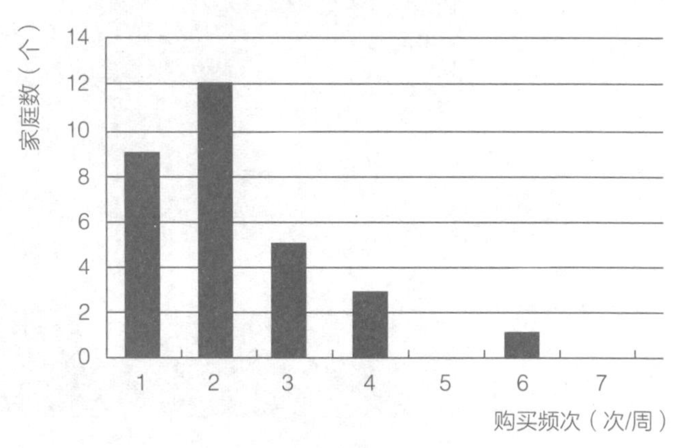

图2-9 买菜频次（次/周）与家庭数统计图

图2-10 各小区附近菜市场图-长沙
（1. 建设村，2. 3. 4. 科教新村，5. 王家湾，6. 望月湖，7. 韶山北路）

各家庭蔬菜存放位置情况统计　　表2-2

家庭	蔬菜存放位置			
	厨房地板	冰箱	灶台	桌子
1 号	●	●	●	
2 号		●	●	
3 号	●	●		
4 号	●	●		
5 号	●	●		
6 号	●			
7 号	●	●		
8 号	●	●		
9 号	●	●		
10 号	●			
11 号	●	●	●	
12 号		●	●	
13 号	●			●
14 号	●	●	●	
15 号		●	●	
16 号		●	●	
17 号	●		●	
18 号	●	●		
19 号	●			
20 号		●		
21 号		●		●
22 号	●	●		●
23 号	●	●	●	
24 号	●	●		
25 号		●		●
26 号	●	●		
27 号		●		●
28 号		●	●	
29 号	●		●	
30 号	●	●	●	

个体的局限，当被问及某个问题时，他们常常从自身出发，就自家情况和自家生活习惯作出回答与讨论，如关于自家生活条件、橱柜样式以及建筑空间的问题，很难站在更高的视角分析问题，如资源短缺、环境保护、城市食物供应以及健康生活方式等。

需求存在个人和社会两个层级的划分。奴廷（Joseph Nuttin）对需求做了两方面划分，虽然他并没有像马斯洛（Abraham H. Maslow）对需求做了多层级划分，但是他把产生需求的动力划分为内外两部分，一部分是来自人自身的动力，另一部分来自与环境相互作用产生的动力，仔细分析这两部分，两者之间关系虽并不像马斯洛所划分的上下层级关系，但也不完全是两个完全独立的部分，二者之间存在所属关系。由于人处在与外界形成的作用关系中，因此来自人自身的生理需求也会受到人与外界环境形成作用关系的影响。比如尽管穿衣吃饭是人的本能需求，可是如果你作为一个公司员工和作为一个家庭主妇，其实对穿衣是有不同需求的，也可以说人为了生存必须与外界建立关系，人是社会的人，必然与外界存在这样或那样的关系，这种关系自然也会对人自身的需求产生影响。这也让原本简单的需求变得复杂多样，也给需求认知带来一定的困难。如果单纯从个人层面认识需求，必然会忽略掉需求的层级性中的社会性，导向一味为了满足来自个人层面需求，形成物欲膨胀或过度享乐主义的境地，其实需求层级性的存在，也是造成用户对具体问题解决方案未知性和模糊性的原因之一。

2.4　产品意义的社会属性

产品意义具有社会属性，主要源于产品的两个特性，产品的引导性和产品的观念性。

2.4.1　产品的引导性

产品在使用上给人以引导，具体体现在有用性和可用性两个方面，这种引导性使得产品具有了社会层面的属性。

就一个产品而言，一定是有用的并且是可使用的，否则不能称其为一个产品。也就是说产品具有两个典型特征，有用性（Useful）和可用性（Usable）。有用性对于产品自身而言，它要有具体功能，如存放、测量、加热和降温等。对用户而言，它一定能帮助用户完成一件事情，这也是用户选择产品的主要原因。如人借助杯子可以喝水，用秤可以称重，用微波炉加热食物，用空调调节环境温度。赫尔伯特·西蒙认为，人造物是为了通过特定活动解决特定问题达到特定目标才成为现实确定的“物”①，克若斯（Nigle Cross）认为设计的过程是问题域与解域不断交错的过程，也就是围绕具体问题不断进行求解的过程，因此设计过程的最终结果一定是关于某种问题的解决办法②。因此，产品有用性还表现在一件事情的完成上。产品除了人们看到的物理意义上的材料、结构、颜色和造型外，它还包括问题解决思路和事情开展方法，因此一种产品暗含着一种做事方法。从这个角度看，产品从方法和解决问题的思路上给人以引导，从而满足了人的某种需求。

使用产品的过程也是产品引导使用者完成某个操作的过程，同时也是使用者操作和使用产品的过程，因此产品必须是可使用的，具有可用性。作为现代建筑的先驱，路易斯·沙利文首先提出“形式追随功能（Form Follows Function）”③，尽管与后来现代主义的格罗皮乌斯提出的功能主义关于“功能”有一些不同，但他们在看待“功能”与“形式”关系上是一致的，形式要服务功能，有什么样的功能就有什么样的形式，建筑和产品的功能决定了它应有的形式。从某种意义上也可以理解为形式是为使用服务，形式是产品功能的外在表现，形式解说了产品的功能，脱离了使用的形式是没有意义的。从这一点上也可以看出现代主义对产品可用性的贡献④。可用性在某种程度上正是产品对用户引导的体现。20世纪60年代末期，随着电子产品出现，电子产品像一个黑匣子，外形无法再跟随功能，“形式追随功能”法则在设计中也变得无能为力。再后来随着计算机、网络与数字产品的出现，通过外形设计使得产品功能“透明”，似乎变得更为困难，功能与形式之间似乎越离越远，产品的使用性越来越不好，人们面对产品已经不知道怎么使用，甚至产生畏惧。产品可用性问题逐渐成为亟需解决的设计问题，产品符号学、产品语义学到今天的交互设计的提出，他们共同的焦点是从可用性角度关注产品与人之间的关系，是从认知、心理方面产生对行为的引导，最终解决产品使用问题。

产品的有用性和可用性是产品两个重要指标，有用性回答了人们为什么选择和需要的问题，可用性回答了人们如何使用的问题。有用性从方法思想上给人以引导，可用性从具体操作层面给人提示。起初人类是为了满足自身需要，想办法通过事情的完成来满足这种需要。比如人类为了生存，学会用绳子编织渔网，用渔网打捞的方式捕获鱼虾充当食物，这种捕鱼的方法是人类在生产实践中摸索和尝试出来的，此刻渔网对于使用者来说不存在引导与不引导，因为他们是同一个人，不过这时渔网已经包含了使用渔网进行捕鱼的方法。随着社会分工的出现，人类通过交换自己生产的物品换取自己需要的东西，交换的不仅是物理意义上的物，而且是一种生产劳动或做事的方法以及具体使用流程。人们的生活正是由不同的产品组合而成的，使用产品的过程就是生活的过程。因此，不论是在生活上还是具体行为上，产品先天具有对人起引导和规范作用，是一种自然且无形的过程。⑤

2.4.2 产品的观念性

产品作为塑造社会的媒介信息的载体，以观念的形式参与到社会创新变革中。而社会的文明又体现的是一

---

① Herbert Simon. The Sciences of Artificial. Cambridge: MIT Press, 1969.

② Kees Dorst, Nigel cross.Creativity in the design process: co-evolution of problem-solution. Design studies. 22(2001),425-437.

③ 何人可. 工业设计史[M]. 北京：高等教育出版社,2005,83.

④ [英]尼古拉斯·佩夫斯纳，J·M·理查兹，丹尼斯·夏普. 反理性主义者与理性主义者[M]. 邓敬，王俊，杨娇，崔珩，邓鸿成译. 北京：中国建筑工业出版社，2003：42-49.

⑤ 吴雪松，赵江洪. 设计行为的社会目的性研究[J]. 包装工程，2015，36（22）：80-83.

种观念的进步。

产品作为一种塑造社会的媒介。大卫·派伊（David Pye）认为产品本身不仅是一种有价值的物可以提供给人，同时产品还作为建议和传递信息的方式，是设计师和他们目标人群之间相互影响的中介①。理查德·布坎南（Richard Buchanan）进一步解释到，设计师如同一个传播者，“传播”是发言者发现论点，将它们用合适的方式传递给听众，并说服听众采取新态度或新行为的过程。进入20世纪，随着生产方式的改变，设计师可以通过所设计的产品，实现对个人和群体行为方式的影响，改变了其态度和价值观，用以前从未被人认识到的方式塑造着社会②，而这个过程又是悄无声息的过程。

产品是一种信息的载体。通过前面对产品的引导性分析，可知产品之所以拥有可用性和有用性两个特征，主要原因是产品包含引导用户的一系列具体操作步骤，实现某种功能，完成某一事情的具体方法。如前面案例分析中的海尔小小神童洗衣机，它不仅可以清晰地引导用户完成洗衣操作，同时它还带给人一种新的洗衣方法或方式，更重要的是它带给人们一种现代家庭的卫生观念。如果按照物理属性划分产品，产品造型、图形界面和声音属于操作层面信息。产品中的技术和功能，如洗涤功能，对内衣、袜子和T恤单独洗涤功能属于方法层面信息。关于事，帮助人所完成了一件事情，如及时洗和随时洗属于观念层面信息。

正是由于产品的这种特性，产品也可以成为承载它所属时代的信息载体。尽管时代不断发生变迁，曾经的生活方式随之改变甚至消失，通过对不同时期物品分析可以看到不同时代的造物思想以及观念变化，物记录了社会发展变迁过程（图2-11）。

观念通俗理解为人们在长期的生产和生活实践当中形成的对事物的认知方式，如宇宙观、自然

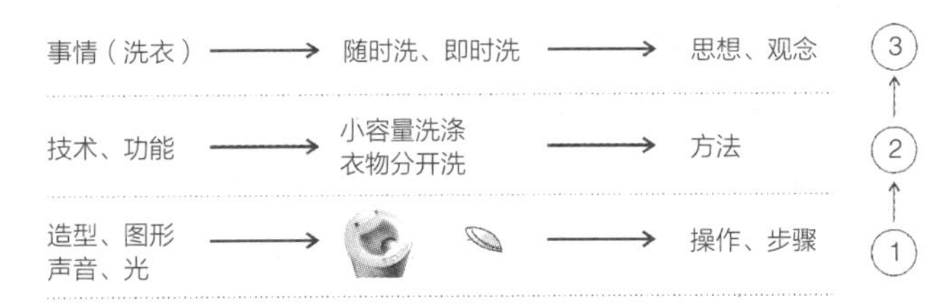

图2-11 产品信息层

观、生命观、哲学观、审美观、礼仪观和宗教观等③。产品正以观念的形式参与到社会创新变革中，如现代住房模式改变着人们过去对于家庭、邻里以及社区的观念，建立了新的家庭观、邻里观和社区观念。这也是埃佐·曼奇尼（Ezio Manzini）在社会创新中强调设计重要性的原因，他认为设计完全有潜力在激发和支持社会变革的过程里扮演重要角色。

观念又会引领和规范群体成员的认知和行为方式，改善群体成员间关系，成为群体存在的基础，对构建和维系社会起着重要的作用。物以类聚，人以群分④，比喻同类的东西常聚在一起，相同志向和观念的人常常在一起形成一个群体或组织，如一个民族、一个国家和一个社会的形成。另外，观念不仅对群体有存在的必要性，对于整个人类社会来说也有重要的意义。在发展中，这些观念又会积淀成为一个群体具有的重要文化价值财富，中国当代著名作家冯骥才先生指出，人类文化最重要的特征就是多元性，多元文化的意义在于任何文化都有存在的价值，因为只有自己独有的对于对方才有价值⑤。

社会文明实质上体现的是一种观念的进步。“文明”概念最早来自在西方历史学考古研究，在历史学概念中，城市的出现意味着文明的开始，也就是说人

① David Pye. The Nature and Aesthetics of Design. London：A & C Black Publishers Ltd. 2000,15.

② Richard Buchanan. Declaration by Design: Rhetoric, Argument, and Demonstration in Design Practice. Design Issues, 1985, 2(1):4-22.

③ 李乐山. 现代社会学[M]. 西安：西安交通大学出版社，2010:80.

④ 萧圣中. 周易[M]. 北京：金盾出版社，2009:185.

⑤ 冯骥才. 灵魂不能下跪[M]. 银川：宁夏人民出版社，2007:99.

类脱离了游牧生活，开始聚集在一起以定居方式生活。随后建立了各种规则，形成政治、社会、经济、宗教等组织，具有了复杂的劳动分工，社会组织成为衡量文明的主要标准。在另外一种定义中，历史学家把考古研究中所发现的人类早期技术成就作为文明的标志，比如农具、车船、冶炼技术、度量衡标准等。从以上定义可以看出，文明意味着来自人类智慧产物所形成的成果体现。不论是一种社会组织还是一项具体的技术或产品又是人类思维方式的体现。不同的思维方式带来不同的劳动成果，比如以宗教为基础的思维方式与以自然科学为基础的思维方式是不一样的，前者认为上帝创造了人类，后者认为人类是由生物进化而来。科学发现带来了人类对于世界新的认知，形成新的观念，相对宗教而言，人认识到自己能够认识并解释自然，可以通过自己的努力来认识、改变、控制自然、环境、社会和人类本身，实现了从神本主义到人本主义转变，观念进步又会带来技术进步与革新，推动社会不断向前发展。

小结

本章研究主要围绕人造物——产品，从现有研究和设计现象入手，采用文献查阅、案例分析法，结合大学生创新训练计划项目（SIT）中对用户实地调研，对产品意义展开分析。可以得出如下结论：产品意义是存在的，产品意义源于产品价值，基于使用，产品意义具体是指面向人类未来生活的各种可能性（Could be）和应该性（Should be），人是产品意义存在的基础，同时产品意义还具有社会属性的一面，这也为后续研究奠定了基础并指明了方向。具体内容如下：

（1）产品意义是存在的。通过对多位学者关于“好产品”和“创新型产品”定义与解释，以及实际案例分析，“好产品”除了从技术、造型、价值定义外，“好产品”还存在一个共同的特点，拥有了一个“新的意义”，也就是说正是因为产品意义的改变，才使得该产品成为创新型产品。在物的认知变迁研究中，对物的探讨存在着认识论传统向现象学生存论传统的转变，物的现象学生存论实现了“人与物”关系的重新确立，物的意义基于使用而非对其本质属性的认知。

（2）产品意义一定是相对于人而言的，产品意义在于它为人类提供了一种可能性。这种可能性具体表现为，产品是连接人与未来的媒介，产品提供了让事情得以顺利完成的做事方法，通过事情的完成人类可以实现一切可能实现的目标。而这种方法或方式实质上表现为一种看待事物的视角或认知方式，而视角和认知方式的探讨目的也是为了探寻事物的本质。同时，本书提到的可能性还意味着一种“脱离”，是与过去的、传统的和现有的生活方式和认知方式的“脱离”，当然不是对过去的彻底否定。应该性包含着一种衡量事物的判断标准，而所指的“应该性”是指新事物应该拥有的某种属性。

（3）意义有其存在的基础。人是产品服务的主体，人的需求直接构成了产品存在的理由，人的需求是主动的，按照奴廷解释，人的需求来自自身和外界的互动。人对产品的需求实际上体现的是人对产品意义的需求。人对自己的需求能感受到，但是存在一定的模糊性，也就是说有需求，但不知道如何满足，即人能感知到自己的需要，但对具体方法存在未知性和模糊性，需求的模糊性自然使得人对人造物产品有了需求，需要一种对事情开展的方法。

（4）产品意义的社会属性。社会的进步体现为一种观念的进步。产品对人不仅有具体操作上的指示和行为上的引导外，在观念上还提供了一种看待事物的新视角和认知方式，而这种新的视角和认知方式又会推动社会不断向前发展，最终带来社会变革。也可以说，社会对产品意义同样有需求，同时意义的社会属性为产品意义做了更进一步的标定，为后续产品设计方法研究提供了研究基础和方向。

第3章

产品意义与设计演变

3.1 概述

设计是人类有目的的活动，这种目的性在人类早期表现为一种对自身需求的满足[①]。然而，设计发展逐渐呈现出“社会化”和“合作化”的形态，使得产品意义的内涵也随之发生了巨大的变化。

随着工业革命到来，设计逐渐得到了知识分子和精英层的关注，设计应该是什么样的？应该怎么做？逐渐成为学术争论的焦点。从19世纪中期至今，对于设计的讨论一直未曾停止，不同时期对于设计认识并不相同，形成一个庞大的“意义”框架体系，本章以人类设计行为演变为主题，从宏观和微观两个角度对人类造物活动进行研究，希望通过对设计活动与事件的研究，探寻人类设计的目的性和意义性，加深对设计与意义之间关系的理解。本章主要从设计变迁、设计方法与设计过程以及设计方式三个方面展开研究。

第一，设计变迁。主要采用史学研究方法，以设计历史事件为“史源”，通过对不同时期设计活动和设计现象分析，探寻人们给予设计活动的“期盼”，从而深入了解产品的意义，其中，设计历史事件的选取，主要以西方工业革命以后的设计活动为主线，同时，也对比了工业革命前一个世纪的设计活动。

第二，设计方法与设计过程。设计既是人类不可或缺的一种技能，又是人类解决生存问题的一套方法体系，设计过程是设计思想和设计方法可操作性的一面。探究设计方法，把握设计规律成为人们把控设计过程和设计结果的重要途径。20世纪初，开创现代主义设计教育的包豪斯学校就从设计教学改革上探索现代设计理论与方法。设计方法探索过程也是设计发展的过程，探索设计方法和设计过程，就是探索设计与意义之间的关系，有什么样的设计方法就有什么样的设计结果。因此，从设计方法的角度探索设计，是认识设计和产品意义的途径之一。

第三，设计方式。主要以“设计合作”方式为重点，讨论“合作”的设计意义。主要采用现象描述分析法和扎根理论分析法，案例大多数为笔者曾经参与过的设计实践案例与项目，保证研究素材的直接性和真实性。20世纪20年代，美国工业设计首次作为一种正式的职业得到了社会承认，职业设计师的出现，使得工业设计与大生产真正结合起来，极大地推动了设计发展，设计成为商业竞争的手段得到了企业的关注与重视[②]。同时，设计逐渐作为一种创新资源[③]，提升了企业创新力和产品竞争力。所谓“合作”是指企业与外界形成的设计关系，是企业实现外部资源内部化，有效优化创新资源的途径，而最终合作成果即设计结果又会受到双方合作方式的影响。“合作”关系的研究重点是：意义的形成和生成方式。通过研究合作方式，探讨其与设计结果之间的内在关系。

3.2 设计演变与意义内涵

3.2.1 设计与设计意义的变迁

设计在今天变成一个常见的术语，究竟什么是设计，确实不容易界定，因为设计包括的范围比较宽泛，涵盖规划、工程、技术和产品造型等，要找到一个统一的界定标准实属不易。从设计发展历程看，现代设计大

① 何人可．工业设计史[M]. 北京：高等教育出版社．2005:6-7.

② 李妲莉，何人可，刘景华．美国工业设计[M]. 上海：上海科学技术出版社，1992:26-27.

③ Christensen,C.M& Overdorf,M. Meeting the challenge of disruptive change[M], Boston:Harvard Bussiness School Press. 2000.

约走过了160多个年头，加上工业革命前和工业革命初期，设计的发展大致分为六个时期[①]。通过对六个时期具体设计活动回顾，进而对设计做进一步理解，由于工业革命发生在西方，关于现代设计研究主要以西方设计活动为主。

第一个时期（1700~1800年）为工业革命前，也是欧洲皇权时代。设计服务的主要对象是皇室和贵族，设计的对象主要是皇家日常生活用具和饰品，如陶瓷套件、玻璃器皿、金银器、灯具、家具、各种工具、室内装饰用品和众多的奢侈装饰品，还有出行的马车和骑马的各种服饰和配饰，狩猎工具和武器。这些产品主要是在皇家指定或皇家控制的专属工厂里，由手工艺人完成。如法国皇帝路易十四在位期间，在他设立的皇家制造局就雇佣了200多位匠人，有宫廷画家、玻璃和陶瓷工匠和家具工匠等。现在凡尔赛宫仍然陈列着表面镀金、镶嵌羊皮、采用精致的青铜配件和手工绘画装饰，以及奢华极致的家具，这些家具已超越使用成为鉴赏的陈列品[②]。这个时期的产品主要由工匠艺人手工完成，对于产品使用权贵们用其标榜皇家身份、地位、品位以及皇室的富足，因此设计更多关注形式上的象征性。而民间的大量日常用品比较粗糙且缺乏设计。

第二个时期（1801~1865年）为工业革命初期。19世纪上半叶，持续的海外扩张和殖民贸易带动了商业和工业的兴起与发展，孕育了新富阶层出现[③]。产品消费者除了贵族和土地绅士外，其他消费者为正在富裕的中产阶级和专业人士、建筑投资人和新兴的工厂主等人群。而这些新富阶层企图利用繁琐、华贵的设计来炫耀自己财富。在设计形式上表现出高度繁琐的装饰特征，具有明显的反“功能第一”的倾向，不仅表现在家具和产品设计上，同时还表现在建筑、室内、环境和平面设计上。在产品种类上，相比20世纪，出现了较多可以在工厂、农场、办公室和家庭使用的新设备和新产品，如机车、蒸汽船、自行车、打字机、计数器、收款机、电话机、录音机、洗衣机和缝纫机。[④]在这些产品设计形式上有两种处理手法，一种是因循守旧沿袭历史传统风格，另外一种简单顺应工业生产，造型处理粗糙和简陋基本没有设计。劳动阶层和农民并不是这些对象的消费者，他们的经济状况还没有富足到可以购买这些产品。当时还没有“Design”一词，而是使用“Art Manufacture”来指代。

第三个时期（1866~1914年）为现代设计开始时期。英国设计理论家尼古拉斯·佩夫斯奈（Nikolaus Pevsner）把这个时期定义为现代设计的开始时期[⑤]。随着工业革命的不断推进，以英国为首的欧洲各国先后进入了资本主义阶段，各国取消关税壁垒，积极推进海外贸易，世界博览会成为展示宣传产品和促进贸易的手段。1851年在伦敦海德公园（HYDE PARK）举办的第一届万国博览会（The Great Exhibition）成为各国展示本国实力的舞台，参展产品达1.4万件，前来观看的人数超多600万[⑥]。沿用古典主义样式的展品与其功能格格不入，引发了一些知识分子和精英人士首次对设计的思考与大讨论，反对机器和工业化，设计形式反对矫揉造作，崇尚诚实质朴，推崇自然主义，设计史把这段时间称为“工艺美术”（Art & Crafts Movment）运

---

① David Railman. History of Modern Design[M]. London: Laurence King Publishing, 2010.

② 王受之. 世界现代设计史（第2版）[M]. 北京：中国青年出版社，2015:32-42.

③ 王受之. 世界现代建筑史（第2版）[M]. 北京：中国建筑工业出版社，2013:2-3.

④ 王受之. 世界现代设计史（第2版）[M]. 北京：中国青年出版社，2015:63.

⑤ Nikolaus Pevsner. Pioneers of the Modern Movement from William Morris to Walter Gropius[M]. New Haven: Yale University Press. 2005,1-10.

⑥ 王受之. 世界现代设计史（第2版）[M]. 北京：中国青年出版社，2015:67.

动时期[①]。尽管英国美术理论家、教育家约翰·拉斯金（John Ruskin）从功能与形式、形式与内容、艺术与道德、生产方式与设计，甚至艺术的本质以及设计的社会性等角度对设计进行了论述。但是这个时期对设计的讨论仍然停留在产品形式层面上的讨论。之后在“工艺美术”运动的影响下，欧洲掀起了另外一场运动——“新艺术”运动（Art Nouveau），该运动席卷了大部分欧洲国家，在理论上“新艺术”运动从形式、图案与风格几个角度对过分装饰的形式做了新的探索，同“工艺美术”运动一样反对矫揉造作和大工业化，推崇手工艺，但新艺术运动（Art Nouveau）放弃传统装饰风格，转向向大自然学习，如以植物和动物为主的装饰样式，突出表现曲线和有机形态。“新艺术”运动实际上同“工艺美术”运动一样，对于设计的讨论仍然停留在产品形式层面上，只是“新艺术”运动对于具体形式处理方式与“工艺美术”运动不同[②]。但有几位“新艺术”设计家需要特别提到，如奥地利设计家奥托·瓦格纳（Wanger Otto），他在自己的著作《现代建筑》中指出建筑设计应该为现代生活服务，而不是模拟以往的方式和风格。还有以贝伦斯（Behren，Peter）为代表的德国“青春风格”（Jugendstil）和苏格兰的“格拉斯哥四人”（Glasgow Four）[③]，至此设计讨论开始从单纯的装饰性思考转向产品的功能性思考。

第四个时期（1918~1944年）在设计史上称这一时期为“现代主义设计运动”时期（Modernism），该设计运动的出现伴随着工业革命和城市化进程而出现[④]。此时整个西方的社会和经济结构发生了急剧改变，西方国家完成了从农业国到工业国的转变，原来的农业劳动力迁移到城市，成为产业工人，他们在城市化发展中逐渐形成有教育背景、有专业职业技能的中产阶级，他们既是城市化主力也是大众消费主力。现代主义设计运动先驱们面对这样的社会现状，提出把设计的重心从为权贵、少数人服务转移到为社会大众服务这个新的方向上。在技术上，他们对于机器和工业化生产方式给与肯定，积极探索符合机器和工业化生产的设计新形式，崇尚没有任何装饰的简单几何形体，提出功能第一，形式追随功能。在设计实践中使用了各种新材料，如钢筋混凝土、平板玻璃、和钢材[⑤]。从形式和风格上分析好像现代主义仅仅提出了一种适合机器生产的造型语言，实际上现代主义设计运动期望通过设计解决当时的社会问题，促进了社会健康发展。

第五个时期（1945~1960年）为第二次世界大战结束，国际现代主义和大众文化到来的时期。战后世界格局发生巨大变化，一个新的对抗以美国为首的西方国家的“社会主义阵营”诞生，为了扶持西欧以及其他盟国来与社会主义阵营抗衡，美国提出了“欧洲复兴计划”，开始对西欧大规模经济援助，同时西方各国也迫切希望早日完成战后重建，恢复国民经济，这促使西方各国经济得到快速恢复和发展。东西方阵营对抗，令世界进入了漫长的“冷战”对峙时期，发展本国经济成为这个时期西方各国主要任务[⑥]。在西方各国中，美国的经济从战争期间到战后一直处于快速发展的状态，同时美国出台了一系列新政，如福利国家体制的建立等，使得中产阶级成为美国庞大且主要阶层，形成一个以他们为中心的消费市场[⑦]。第一次世界大战后许多欧洲现代

---

① 何人可．工业设计史[M]. 北京：高等教育出版社，2005:67-75.

② Carol Belanger Grafton. Art Nouveau: The Essential Reference. New York, 2015:15.

③ 王受之．世界现代建筑史（第2版）[M].北京：中国建筑工业出版社．2013:33.

④ David Railman. History of Modern Design[M]. London: Laurence King Publishing, 2010:158.

⑤ 勒·柯布西耶，走向新建筑[M]. 杨志德译．南京：江苏凤凰科学技术出版社．2015:164.

⑥ 托尼·朱特，战后欧洲史-旧欧洲的终结（1945-1953)[M].林骧华译．北京：中信出版社．2014:168.

⑦ 王受之．世界现代设计史（第2版）. 北京：中国青年出版社．2015:236.

主义设计大师和理论家来到美国，使得他们早期设计探索的成果迅速与商业获得联姻。设计史把这一段时间称国际现代主义时期。过去只有王公贵族享用得起的一些产品，随着工业化生产成本下降，产品提升，品种增加，百姓有机会拥有，当欧洲汽车仍是富裕间层专属的奢侈品的时候，在美国已经成为普通家庭可以负担的起的交通工具[①]，消费市场因此获得急剧扩大，大众文化随之产生。中产阶级既是社会发展的中坚力量，又是消费市场的主体，形成了新的经济运行模式，从而保证了国家持续运行与发展。

第六个时期（1961~至今）为多元化时期。"国际现代主义（International Modernism）"在美国盛行，影响了整个西方，乃至世界。现代主义形式也因此席卷西方，成为垄断性风格。然而这一风格过于同质化、单调、显得缺乏人情味，逐渐引起设计界的反感，到20世纪60年代促使设计师和建筑师们对设计进行反思和改革，意图改造"国际主义"风格面貌。一场在"国际主义"风格的垄断中开拓一条装饰性新路，以"后现代主义"为总称谓的各种类型的设计相继出现，波普设计、激进设计、后现代主义、高技派、解构主义等[②]。另外经济持续发展带来了对能源巨大需求，以前视为发展成功的指标，现在逐渐成为发展中的问题，拥堵的交通，高楼林立的城市化，大城市的过度发展已经显露了严重后果。如城市拥堵、环境污染、城市费用过高、贫富分化严重、社会不稳定等。20世纪80年代联合国世界环保委员会提出可持续发展纲要，人类在保证发展满足当前需求的同时不应该导致危害下一代需求满足的权益。

通过对设计发展的六个阶段回顾，可以看到设计在不同阶段所发挥的作用不尽相同（图3-1）。在早期欧洲皇权时代，设计属于皇室家族的专属品，产品做工精湛，工艺考究，设计更多是为了彰显皇室的地位和品位。平民百姓的设计除了生计上的考虑外，基本没有设计，而且比较粗糙。到了工业革命初期，由于社会变革，新富阶层的出现，新的需求催生了一大批新产品，但设计的作用仅仅是为这些产品做一件能标榜新富阶层财富的外衣而已。在第三个时期，也就是工艺美术运动时期，设计得到一些社会精英和知识分子的关注，并开始思考设计。现在看来尽管对于设计的思考更多是围绕形式层面的思考，但他们已经开始关注设计，希望设计能做些什么。"现代主义设计"运动的到来，也是设计发生转向的时期，设计不再局限于从美学层面和技术层面对内容的讨论，设计开始从社会层面进行思考，带来的结果不仅为化解社会问题带来新思路，同时早先形式层面的问题也随之被化解。第二次世界大战宣告结束，冷战开始，冷战换来各国冷静的思考，发展经济成为各国新选择。设计走向与商业的联姻，刺激了商业繁荣，使得西方各国迅速从战争创伤中恢复过来，并带来了经济快速发展，相比过去人们生活质量得到了大大提高。商业繁荣催生了消费时代的到来，也可以说消费换来了商业上的繁荣，但持续甚至过度消费又带来了新问题，并影响甚至威胁着经济、社会和人类的可持续发展。

设计走过的这300多年间，不论是作为装饰的手段，还是刺激商业的手段，总的来说设计可以理解为一种工具，发生了如下几个变化：

（1）设计得到社会精英和知识分子的关注，开始思考设计能做些什么。

（2）设计从满足自身需求的一种手段到作为一种化解社会矛盾和刺激商业的手段。

（3）对于物的设计，设计的内容发生了改变，装饰不再是设计的主要内容。

---

① Giles Chapman. Car-The Definitive Visual History of the Automobile[M]. New York: DK Publishing, 2011:136.

② 王受之. 世界现代设计史（第2版）[M]. 北京：中国青年出版社，2015:288-290.

图3-1　设计发展的六个时期

3.2.2 设计的商业语境与社会语境

任何事都有它存在的环境，这个环境不仅造就了事物本身，同时它也成为理解该事物的重要语境，设计也同样。从前面的设计变迁分析可以看到，设计从一种满足个人需求的行为逐渐走向面向社会需求的行为。在社会发展过程中，设计得到了知识分子的关注，在西方的城市化过程中，设计的确发挥了重要作用，帮助西方完成了城市化过程，另外在社会经济发展过程中，设计的确也推动了商业的繁荣与发展，因此商业性和社会性成为理解设计的两个语境。如果单从字面理解“设计”，“设计”可以看作是一个过程也可以理解为一个结果，似乎是一个除满足自身需求目的以外，不带有任何目的性的造物过程，但设计活动又是一个目的性极强的过程。如维基百科把设计解释为“Design is the creation of a plan for the construction of an object or a system”，从这个解释中可以读到设计是一种计划或规划，是关于某个“物”或者“系统”的计划或规划，但是在这个解释的背后，实际上还暗含了设计的另外一层内容，这层内容就是为什么（Why）要做这个“物”或者“系统”，否则单从造物活动理解设计，不太容易。

首先从商业创新角度看，设计以经济利润作为设计价值基础。社会运行离不开经济发展[①]，工业革命的到来，改变了人类生产方式，产品由手工生产的作业方式逐渐被机械化大生产所代替，生产方式的变革带来了产品产量提升和生产成本降低，能够消费起产品的人群越来越多，产品服务对象也由少数人变为多数人，消费市场因而得到急剧扩张。20世纪初期，正当欧洲各国探索设计能为社会做些什么，美国的设计运动就充满了浓厚的商业气息，设计关心的是能否促进销售，生产消费者需要的产品和吸引更多消费者成为企业设计指导原则，这也使得工业设计在美国得到了快速发展[②]，设计由此也纳入到企业创新的语境中。在1912年，美籍奥地利经济学家约瑟夫·熊彼特（JosephA. Schumpeter）首次提出“创新”在经济发展中的作用，他把创新归纳为五种形式（1. 质量改进；2. 新的生产方法；3. 开辟新的市场；4. 新的原材料；5. 新的产业组织）[③]。此后，创新逐步成为经济和管理研究的一个重要方向。罗斯韦尔（R.Rothwell）把20世纪50年代到20世纪90年代中创新主要的模型大致也划分为五类[④]，在这些创新理论中，“创新”更多的是指将原始生产要素重新排列，组合为新的生产方式，以求提高效率、降低成本的一个经济过程。之后围绕效率、绩效和成本不断有新的创新理论提出，资源观理论就是其中之一，也是当代企业战略管理的重要理论，该理论认为，企业是生产性资源的集合，企业盈利能力与资源密切相关，以哈佛大学商学院克瑞斯坦森（Clayton M. Christensen）为代表，从企业管理的角度看，他认为设计创新在本质上是一种新的创新资源配置方式，即通过优化设计资源，达到创新能力的提升，最终实现创新绩效的改善。在商业化的语境中，设计驱动创新的理论在于，设计提供具有竞争力和能激起用户消费欲望，且具有差异化的产品与服务。

在面向社会的设计创新方面，设计以社会利益作为设计价值基础，关注于人和社会关系的构建。以美国设计师和教育家维克多·帕帕奈克（Victor Papanek）为代表，他指出在设计活动中，设计的最大作用不是创造商业价值，也不是风格方面的相互竞争，设计应对环境、社会和用户负有道德责任，应该致力于改善

---

① 卫兴华，林岗. 马克思主义政治经济学原理（第4版）[M]. 北京：中国人民大学出版社，2016:30-35.

② David Railman. History of Modern Design[M]. London: Laurence King Publishing, 2010:306.

③ Joseph A.Schumpeter, The Theory of Economic Development [M]. Transaction Publishers, 1982:16.

④ 陈雪颂. 设计驱动式创新机理与设计模式演化研究 [D]. 杭州：浙江大学管理学院，2011,6.

真实的世界①。意大利设计大师索特萨斯（Ettore Sottsass）认为，设计对我而言是一种探讨社会的方式，它是探讨社会、政治、爱情、食物甚至设计本身的一种方式②。美国克里彭朵夫（Klaus Krippendorff）认为设计包含相互矛盾的两个方面，在设计发展过程中设计更多关注于产品的理解与认知问题，而赋予产品一个新的意义才是产品开发的根本③。赫尔伯特·西蒙（Herbert Simon）认为，人造物是为了通过特定活动解决特定问题达到特定目标才成为现实确定的"物"，产品意义表现在对一件事情的完成上，在满足人的某种需求过程中，产品提供了让事情得以顺利完成的做事方法。基于以上各位学者对设计的解释，可以看到在社会层面的语境中，设计服务的对象是人，设计是在论"事"，通过事的讨论，给出了问题的解决思路与做事的方法，进而提供了一种人与外部世界交互相处的可能性。

商业和社会是解读设计的两个语境，二者之间实际上存在一定的联系。商业可以看作是维系和促进社会发展的一种机制。就产品而言，产品经历了从自产自足、物物交换到今天由专业化企业生产的几个阶段。亚当·斯密（Adam Smith）指出人的利己动机和交换促成了市场的产生，随着社会分工和为了获得更高的生产效率，专业化的协作组织方式逐渐代替了个人和家庭的作业方式，这种专业的协作组织就是企业。企业自然成为市场经济运行的主体，向市场提供产品的生产者和设计师，也就是说产品是以商品的形式流通于社会，商业是产品运行的一种方式，但它并不能构成生产产品的终极目的，也就是说商业目标不等于社会发展之目标。商业繁荣的确推动了人类社会向前发展，尤其近一个世纪以来是人类物质文明最发达的时代，不过在这个过程中也是地球生态和自然资源遭到破坏最为严重的时期。为此，设计和商业之间的关系成为具有争议的话题，褒贬不一，两者之间的关系究竟应该如何暂且不去下结论，但设计的作用在于解决问题，只是当面对社会问题时，应该考虑如何去解决和提前规避。人消费产品的过程，也是人使用产品的过程，因为，在一定意义上消费也是为了满足需求④。在满足需求的过程中，产品不仅带给用户在具体行为上的直接引导和提示，还可以通过内嵌于商品的思想或观念来引导和规范人的行为，因此在商业推动社会发展过程中，设计可以通过对人行为的引导，实现调节和平衡社会的作用，当然不恰当的设计也会把社会带向混乱、无秩序和不可持续的一端，作为以创新为主体的企业，面对社会现状，可以从对事物认知方式的梳理开始，提出更加适合解决当下社会问题的方法，不是把满足服务大众、批量化生产、造型简洁、标准化和反对装饰等设计原则简单作为设计教条去遵守，更不能简单地把设计看作是无限创造商业价值的工具。因此，不论从哪一个角度讨论设计，都存在对设计认知的不足，不够全面，因为社会本身存在一个整体性。从社会层面思考设计，当然并不是说设计最终服务的对象是社会，而也是为了使设计更好地服务于人⑤。

通过从设计的两个语境对设计的解读，可以看出设计的意义在于，它是作为一种探讨社会的工具，提供人与外部世界交互相处的一种可能性，商业是设计行为的结果（产品）运行的一种方式，但商业目的并不能成为人类设计产品的终极目的。

---

① Victor Papanek. Design for the Real World[M]. Chicago:Academy Chicago Publishers, 1971:003.

② 梁梅. 意大利设计[M]. 成都：四川人民出版社，2001:114.

③ Krippendorff K. On the Essential Contexts of Artifacts or on the Proposition that Design is Making Sense(of Things).Design Issues, 1989,5(2)：9-39.

④ Kutuguoglu F. Consumption, Consumer Culture and consumer Society. Community Positive Practices, 2013,13(1):29-33.

⑤ 吴雪松，赵江洪. 设计行为的社会目的性研究[J]. 包装工程，2015, 36(22:)80-83.

3.2.3 设计的社会性

通过从设计的两个语境，从商业和社会视角回看设计，商业是维系和促进社会发展的一种机制，设计最终的目的，本质上是人与社会之间关系的构建，但设计服务社会的这种目的并不是一开始就有。设计活动的目的性早先更多的是人类为了满足自身需求，而设计真正参与社会化管理是从20世纪初才开始。现代设计史把发生在19世纪下半叶以威廉·莫里斯为首的“工艺美术”运动作为现代设计的开端，随后来自不同国家、组织的设计师和理论家就设计进行了不断的探索和实践尝试，而真正开启现代意义上的设计是20世纪20年代的现代主义设计运动，它为现代设计指明了方向。

社会发展需要设计。从拣选石块打制成工具的那一刻起，人类便开始以智慧和创造力改变着周围的世界，并形成环境，创造了人类社会，人类智慧的起始也许就是设计的开始。从这个意义上来看，设计从人类社会形成的那刻就参与其中。从一把石斧到计算机，从洞穴到智能化社区，从竹筏到智能化的城市交通系统，无不体现着人类智慧和设计对社会发展的贡献。但是在人类社会的早期，设计对社会的服务更多是一种无意识或下意识的结果，因为设计是人类从关注自身生存开始发展的。直到近现代，随着欧洲文艺复兴和18世纪法国思想启蒙运动的开启，哲学家呼吁要用理性、科学的原则重建社会秩序，指出社会需要社会管理[①]。社会管理不是一种消极的、防范性手段，更不能简单理解为通过权力的加强实现对社会的全面控制，社会管理应该强调其手段的主动性和引导性[②③]。

设计的社会目的性首次由现代主义设计运动提出并实践。如果单纯从物的构成、功能与形式的角度看设计，设计可以看作是赋予人工物外形的过程，现代主义设计先驱们从事的变革是一种适应新时代的艺术变革，它构建了新的美学体系——机器美学，强调简洁和标准化，强调形式对功能的依附性，反对没有必要的装饰[④]。实际上这一切变革的背后是他们提出“设计为大众服务”的理念。在设计原则上表现为，提倡不带任何装饰的简单几何形状，强调产品的功能性。实际上现代主义设计先驱们强调机械化美，想利用其简洁的形式达到低造价、低成本的目的，同时可以满足机械化批量生产，使设计能够为全社会服务，特别是低收入的无产阶级。设计内容主要是强调使用功能的生活类产品，因为这些才是低收入者迫切需要的，如公寓式住宅、家用电器、工作台灯、钢管家具等[⑤]。

与现代主义设计运动发生时间相仿且具有相同社会背景的法国装饰艺术运动（Art Deco）相比，两者都主张机械化的美，如果仅从造型风格上看，甚至有些产品极其相似，但装饰艺术运动对几何风格特征的强调，更多出自于对工业化时代特征的崇尚，它服务的对象仍然是社会精英、权贵和富裕的上层阶级，设计集中在豪华与奢侈的产品和艺术品方面，如首饰、高档瓷器、家具、室内装饰和雕塑等[⑥]。这种不同往往会按照设计定位简单归结于目标人群的不同，却忽略了当时的社会现状（图3-2）。工业革命的到来，直接带来了城市的变化，伴随新型都市化而来的是一系列新的社会问题——城市人口膨胀、居住条件差、社会混乱、犯罪率剧增和传染病泛滥等。[⑦]先进的知识分子面对如此的社会问

---

① 北京大学哲学系外国哲学系教研室．西方哲学原著选读[M]．北京：商务印书馆．2014,66.

② 刘远碧,税远友．论人与社会的关系[J]．辽宁师范大学学报（社会科学版）．2005, 28(06):13-17.

③ 孙立平．走向积极的社会管理[J]．社会学研究．2011(4):22-32.

④ 李乐山．工业设计思想基础[M]．北京：高等教育出版社，2001,34.

⑤ 何人可．工业设计史[M]:北京：高等教育出版社．2005,120.

⑥ Duncan A. Art Deco Complete. London: Thames&Hudson. 2011,1-10.

⑦ 王受之．世界现代建筑史（第2版）[M]．北京：中国建筑工业出版社．2013,39.

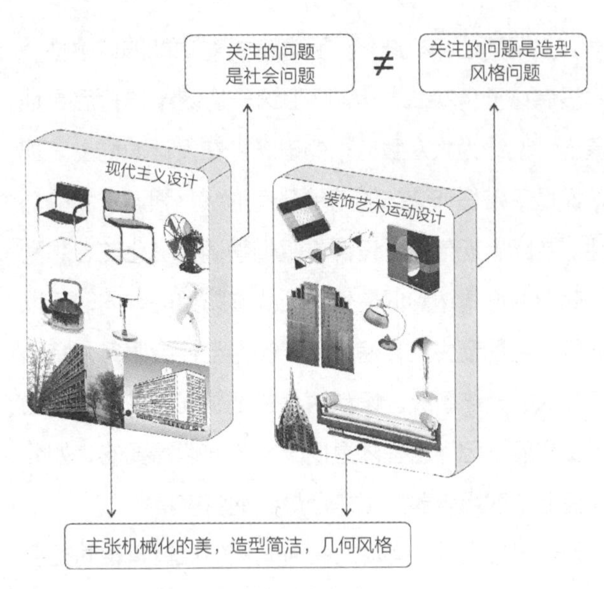

图3-2 现代主义设计和装饰艺术运动

题，希望通过设计改变社会现状，达到改良社会和促进社会健康发展的目的。人数众多的工人阶级的问题当时正是社会迫切需要解决的问题，这恰恰也是现代主义设计所关心的问题。社会目的的实现使现代主义设计运动对后来的设计产生了深远的影响。设计行为的目的性也从关注少数人自身需求延伸到关注社会问题上。另外现代主义设计运动提出设计为大众，是对长期以来设计为权贵服务的反对，实际上设计为大众并不是说，平民百姓没有自己的设计，只是设计作为一种社会功能更多的关注于社会权贵和富裕阶层，而缺少对平民百姓的关注。另外，在现代主义设计之前，不论是平民百姓的还是王公贵族的，设计是一种从个人角度出发，满足和服务自我的过程，设计关注于个人层面的内容。而现代主义设计运动先驱们提出设计为劳动大众，服务的对象尽管是从少数人到多数人的转变，实际上体现的是设计社会性的开始。从社会层面思考设计，希望通过设计不断改变社会现状，建立一个秩序井然，可供多数人生活的城市与社会。设计的社会目的性由此正式被现代主义设计运动明确提出并实践。[①]

3.3 设计方法与设计过程

3.3.1 设计方法的困惑

设计方法和设计内容密切相关，设计方法会随着设计内容发生改变。在20世纪70年代作为设计研究的倡导者之一阿里克森德（Chritopher Alexander）提出“设计研究方法无用论”，他说：“最糟糕的事情就是人们已经完全丧失构建美好住宅的激情与动机，设计此时变成了一种智力游戏，所谓的“设计方法”对建筑设计有用的微乎其微，我绝不再读任何这方面的文章”[②]，尽管阿里克森德的这段话，有它一定的时代背景，但是也不难看出设计方法与设计内容之间的关系，当内容与方法分道扬镳，设计不再探讨和社会发展之间的关系变成一种所谓的方法时，方法也就失去了它应有的意义。

万事万物背后都有其运行的规律。我国宋代理学家朱熹曾说“天地之间，有理有气，理也者，形而上之道也，生物之本也”[③]。也就说每类事物都有理，理使这类事物成为它应该成为的事物，如果想认识并利用它，必然要掌握其背后的理。设计作为人类独有的一种智力活动一定也有它存在的规律与方法。

早期设计研究是为了寻找设计背后的规律和方法，想通过对规律和方法的把握实现对设计的把握。另外设计与艺术有着亲密的渊源关系，设计发展受到了艺术的影响，设计理论家希望设计不应该如艺术一样建立在感性的经验基础之上。20世纪初风格派（De Stijl）

---

① 吴雪松，赵江洪．设计行为的社会目的性研究[J]．包装工程，2015，36(22):80-83.

② C.Alexander.State of Art in Design Methodology: interview with C. Alexander. DMG Newsletter 1971(3):3-7.

③ 钱穆．宋明理学概述[M]．北京：九州出版社．2010,111.

的倡导者范·杜斯伯格（Theo van Doesburg）指出设计需要一种方法，或者说一种体系，而不应该是一种自发的、混沌的甚至是一种艺术式的主观思考①。建立客观科学的准则最大的目的在于保证设计过程的客观性和可控性，避免个人的、经验式的、不可把控的设计方法。这也是开创现代设计教育的德国包豪斯（Bauhaus）学校，当初进行教学改革和课程改革的目的，如建立在科学基础上的三大设计基础课：平面构成、立体构成和色彩构成。他们认为设计之所以能产生有规律的视觉感受主要原因是由其背后规律作用使然，如色彩存在纯度、明度和色相几个属性，通过这几个属性的调节可以实现对色彩的控制，同样点线面以及不同形体之间也存在各自的科学规律。不同材料又有各自的性能和加工工艺，不了解和掌握这种规律，是无法开展设计工作。这些课程至今成为各大设计院校必修的基础课，从包豪斯所做的教学改革可以看到，现代主义设计早期对于设计方法的探索与研究初衷也正是出于此②，希望设计过程客观化，同时为设计从经验式的手工制作迈向标准化、机械化大生产提供了可能。

此后对于设计方法的找寻不断得到设计研究者关注和讨论。关于设计研究可以从不同学者（Geoffrey Broadbent、Nigel Cross、Vladimir Hubka and Ernst Eder、Nigan Bayazit、Margolin and Buchanan）的著作以及他们的各种出版物和各种设计会议论文得到证实。真正现代意义的设计研究开始于20世纪60年代，在时间上，大致划分为两个阶段，第一个阶段是20世纪60年代~70年代，称为“设计方法运动”，第二个阶段是20世纪80年代至今，称之为现代的设计研究。在初期，设计研究的理念是通过建立系统的设计知识体系来证明设计是一门专门的知识，具有领域独立性。之后在研究中逐渐发现，设计与自然科学本体之间存在差异，设计问题是一些“不良结构问题”，而科学只能面对“良好问题”，科学关心的是存在的东西，而设计关心的是在设计之前，完全不存在的东西，科学家试图证明已经存在的结构组织，而设计师试图塑造新的结构组织③，直接借用自然科学的研究范式解决设计问题显然是不恰当的，这样使得人们更坚信设计的确存在相对于其他工科学科的思维和交流方式。由于设计活动包括行为主体—设计师，行为结果—产品，以及设计行为过程本身三个方面，这些也构成了设计研究的主要方面。时至今日设计方法得到极大丰富，有强调定量的、统计学的、强调规范和数据原始性的以数字信息为主的分析研究方法，也有强调定性的、分类学的、强调主体与模式的和数据应用以图像符号信息为主的方法，设计学科也从先前单独的设计方法发展到包含系统思维方式下的设计方法④。

在近20年中，不断有新的设计领域出现，他们关注于设计所形成的物和系统，以及设计和用户之间持续的关系。实际上也代表了设计内容的改变，设计从过去以批量化生产、实用以及设计的符号语义为特征，向以经验和意义为特征，以及设计所形成的新世界的转变。工程院院士谢友柏指出人们对于设计方法期盼的变化其实是来自社会发展变化。这些变化不仅表现为从农业社会到工业社会的变化，更重要的是工业社会自身生产模式的改变。对于理性化和系统化的设计方法质疑，实际上是原本保证规模发展需求的理性化和系统化的设计不再能满足创新竞争设计的需要，从中也可以看到，谢友柏院士基于设计内容对设计方法关系的肯定⑤。设计可

① Van Doesburg Theo. Van Esteren Cornelis. The manifesto V of group De stijl: Toward a collective construction. L'Effort Moderne Bulletin. 1924(9):15-16.

② Jeannine Fiedler, Peter Feierabend. Bauhaus.H.f.ullmann publishing. 2013,1-30.

③ Nigel Cross，陈实．设计师式认知[M]. 任文永译，武汉：华中科技大学出版社，2013，172-173.

④ 赵江洪．设计和设计方法研究四十年[J]．装饰，2008, (9):44-47.

⑤ 谢友柏．设计科学的争论和设计竞争力[J]．中国工程科学，2014(8):4-13.

以理解为一种计划或规划，而计划或规划既包含是对一件事情或一项任务的顶层设计，又包括对具体底层活动的布局，而这种顶层设计又对底层活动布局有明确的方向指导，因此方法基于内容，设计作为一种工具或方法应为内容本身提供方向上指导。

以前设计尽管也在不断地关注问题的解决，但是设计一直是一个自适应过程，随着社会不断发展，人们逐渐意识到人类和自然系统的复杂性，以及不断膨胀的人类活动给社会和自然所带来的威胁，从战略层面找到应对这些问题的方法如今变得十分紧迫。因此当设计面对的内容发生改变时，原有的方法就显得不那么合适了，尤其是面对新的从未有过的内容时。

3.3.2 设计的不确定性与模糊性

设计问题不同于自然科学问题，它有它自身的特点。设计存在不确定性和模糊性，不确定性具体表现在设计结果的不确定，设计问题的不确定，设计主题的不确定，这又会造成设计过程的不确定性和模糊性，认识这些特点对把握设计有其重要的意义。

首先，表现在结果上，设计的结果一定是世界上不曾存在过的，而科学探讨的问题，其结论往往是客观存在的。比如关于一个多边形中角的大小值问题，也就是说不管我们会不会求解某一个角度的大小，但这个角度数值是客观存在的，而设计的结果却不是，也就是说在设计结果没有出来之前，设计的结果是一个不能事先确定的内容。

其次，设计问题会随着设计推进发生变化，表现为不确定性。正因为设计的结果不同于科学问题的结果，设计过程自然也不同于科学解题过程，科学问题的结果是客观存在的，客观存在的东西一定是有它自身的属性、法则、规则和结构等，科学解题过程，自然可以通过逐步对其属性、规则、法则和结构等内容的明确，从而找到所要确定的内容。在解题过程中，不论是结果还是设计过程都是相对比较明确的内容，而在设计过程这种明确性和指向性表现得较弱，甚至并不存在，这也导致了设计过程不能像科学解题过程带给人一种明确感和肯定感。这种不确定性还表现在具体的设计问题上，克诺斯（Nigel Cross）在他的研究中发现设计过程是一个问题域和解域共同进化的过程，即在设计过程中，设计问题会不断地被修正和重新定义[①]，设计问题会随着设计活动不断推进发生改变，也就是说，设计真正标定的问题往往不是设计开始认定的问题。杭斯特（Horst Rittel）在1972年对“设计问题”阐述中，指出“设计问题”是一个为“棘手问题（Wicked Problems）”和“病态结构（ill-formulated）”的问题[②]，并为它归纳出十大特点，其中有一条就明确指出，与设计问题相纠缠的问题特别多，一个问题背后常常隐藏着另外一个更高层级的问题。由此可以看出设计问题的不确定性与复杂性也是造成设计不确定性的原因之一。

理查德·布坎南（Richard Buchanan）从设计学科的角度也解释了设计不确定性的原因。他认为主题的不确定性是造成设计不确定性的主要原因，设计没有自己的主题，如果除去设计师构想的主题外，设计本身是没有自己特定的主题，不像其他学科，不论是一个关于物理的、化学的、还是有关生物的，它们都存在一个明确的主题和范围。而设计的主题和范围又特别宽泛，西蒙（Herbert Simon）认为任何为改进现有境况，进行规划的活动都是在做设计，由此也可以看到，设计主题可以是人类经验活动的任何领域的主题，但它又什么都不是。恰恰与科学形成鲜明的对比，科学有自己明

---

① Kees Dorst, Nigel Cross. Creativity in the design process:co-evolution of problem-solution. Design Studies. 2001(22): 425-437.

② Horst W. J. Rittel, Melvin M. Webber. Dilemmas in a General Theory of Planning.Policy Sciences. 1973(4):155-169.

确的主题，这也使得科学研究可以通过对存在于物体当中的原理、法则、规则或结构等属性的确定，来确定要确定的内容。因此，在科学研究中，科学探讨的内容尽管在开始也是未知的和不确定的（Undetermined），但这些内容通过进一步调查后是完全可以确定的，但设计问题它是彻底确定不了的（Indeterminacy），二者性质并不相同[①]。在具体设计实践中，理查德·布坎南（Richard Buchanan）认为可以借用一个似主题非主题的主题改变无主题状态，而设计的主题只能在问题和所要探讨的问题特定语境中，进一步对它描述和具体化。这个确定不了、似主题而非主题的阶段正是孕育任务设想的阶段，正是这种不确定性才促使新的未曾有过事物的产生。可是这种模糊状态阶段常常又会被忽略，错误地以一个明确的主题代替这个模糊的阶段，使得设计问题看似主题明确，实际上忽略了设计所要讨论的内容。

由于设计问题自身的特点，设计过程必然存在前面讨论的一些不确定性，这些不确定性和模糊性的存在，才会使得设计的各种可能性产生。在现实中，这些不确定性和模糊性又会带给人一种不肯定感，会让设计者产生忽略、改变和急于替代这个过程的过程，反而这样又会影响和阻碍设计的各种可能性产生，因此明确设计的不确定性和模糊性对产品意义的产生把控有一定的帮助。

3.3.3 全局优化的设计意义

设计存在不同于其他学科的独特思维和交流过程，这也使得设计最后得到的是一个“满意解”。

科学关心的是存在的东西，探索自然界事物的一般规律，科学问题只是由于条件或知识所限还没有认识清楚，而设计所构想的东西在设计出来之前并不存在[②]。科学所关心的是事物是什么样的，而设计关心的是事物应该是什么样的[③]。设计结果不存在对与错，杭斯特（Horst Rittel）把设计结果称为是一种“满意解”[④]。在现实中这种满意解的获得，有两种途径，一种是渐进式（Incremental design），另外一种是革新式（Radical design）。渐进式，主要是通过逐步改进的方式，使得结果变的更优，巴萨拉（George Basalla）认为所有的创新和技术革新都是建立在已有的事物之上，有时候是通过不断改进完善所得，有时候是通过几个存在的想法综合而成[⑤]，这种设计方式也是目前常使用的方式。革新式（Radical design）获得结果是一种不同于现有设计的全新设计。

渐进式是一种连续不断迭代的过程，每一次迭代建立在前一次经验基础之上，具体的操作过程包括观察、创意、快速原型和测试几个过程，这种逐步迭代过程如同爬坡[⑥]，如果把一个三维的山坡转换成有横轴和纵轴的二维山坡，纵轴代表产品质量，横轴代表设计因素，当在设计方向每向前改进一步，在纵轴方向上就会产生一定的升高，不断循环，直到爬到山顶，爬到山顶的时候代表满意程度最大（图3-3）。尽管爬坡程序可以保证通过连续改进达到山的最高点，但是爬山者是没有办法知道自己所爬的山是最高的，如同在设计上可以通过改进达到满意，但是没有办法知道自己的设计在当前设计中是最好的，或者理解为是否还存在更好的设计。渐进式的设计过程的典型代表就是以用户为中心的设计[⑦]，

---

① Richard Buchanan. Wicked Problems in design thinking. Design issues, 1992, 8(2):5-21.

② Per Galle, Peter Kroes. Science and Design:Identical twins?. Design Studies, 35(2014): 201-301.

③ Herbert Simon. The Sciences of Artificial(3rd ed.)[M]. Cambridge: MIT Press, 1996.

④ Horst Rittle. On the Planning Crisis: Systems Analysis of the First and second Generations. Bedriftskonomen, 1972, 8:390-396.

⑤ George Basalla. The evolution of Technology[M]. Cambridge: Cambridge University Press. 2002, 1-3.

⑥ Donald A. Norman. Roberto Verganti. Incremental and Radical Innovation: Design Research vs. Technology and Meaning Change.

⑦ Donald A. Norman. Human-Centered Product Development[M]. Cambridge, MA: MIT Press,1998,128-165.

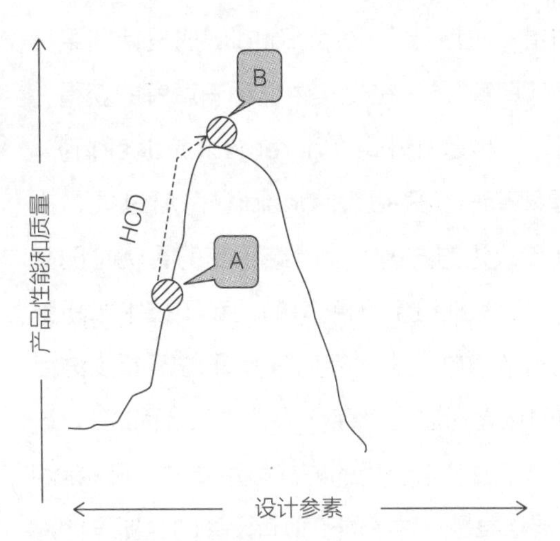

图3-3 渐进式设计过程
（图片来源：Donald A. Norman）

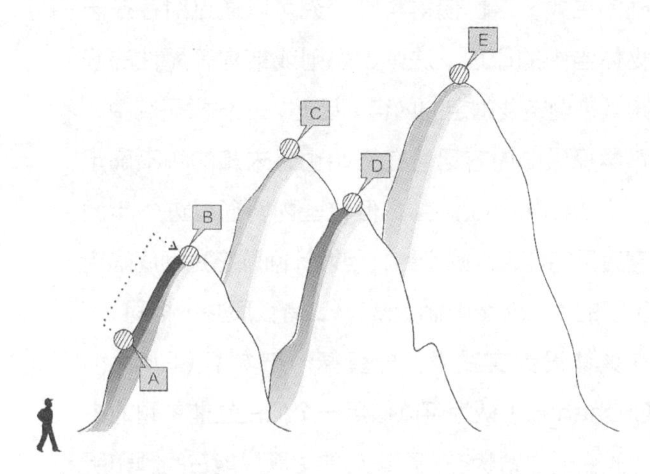

图3-4 全局优化过程
（每一座山代表一个革新式设计，B，C，D，E代表不同的山峰）

通过用户观察、用户访谈、模拟用户、焦点小组和客户旅程等方法[①]，逐步改进现有的设计直到设计更满意。

另一种方式为革新式。与渐进式最大的不同在于，革新式从不同于现有方式和思路上来满足用户的需求，以期达到满意解。在设计的结果上，与现有的设计相比相似性较低，继承的内容较少，可以看作是一个全新的设计，在设计创新上我们称之为革新式设计。革新式设计由于不是对现有设计的继承和改进，在市场上它是独一无二的，可以开辟一个全新的领域，犹如第2章中的几个案例，如海尔的小小神童洗衣机，SONY的Walkman随身听，Swatch手表等。如果回到前面谈到的爬坡理论，这种革新式设计意义在于放弃原有设计，寻找新的设计目标，从而有可能保证自己所爬的山为最高山（图3-4），恰恰可以弥补渐进式设计缺陷。渐进式设计意义在于比当前设计更优，但是它不能保证目前的设计是最好的设计，这里的最好不是说在现有的设计中最好，而是否有更好的设计存在，从概率角度讲，渐进式爬坡也有可能选择的是最高山，但随机性比较大。在数学或计算机算法上称渐进改进的方式为局部优化方式，它可以保证局部最优，但无法保证全局最优[②]。革新式由于要找到新的设计目标，而且保证最优，必然要对可能的出发点进行评估，才有可能做到全局最优，所以看作是全局优化，因此革新式设计关键不在于结果的与众不同，重点在于革新式设计所带来的全局优化过程。

另外，这种优化过程同生物进化不同，达尔文（Charles Robert Darwin）认为生物进化是物竞天择的过程，是一种自然选择的过程，经过漫长的时间达到优胜劣汰的结果[③]。而设计是关于人与社会之间可能性关系的探讨，就像杭斯特（Horst Rittel）说的，设计问题的解决者应该对其所做的每一步负责，不应该犯错，所以设计较自然选择不容拥有更多机会和漫长时间来选择，因此全局优化是一个相对可靠且决策时间较快的方式，而对于产品的意义而言，也应该通过这种方式获得，避免在固定的视角下向某一个方向越走越远而失

① 代尔夫特理工大学工业设计工程学院，设计方法与策略（代尔夫特设计指南）[M]. 倪裕伟译. 武汉：华中理工大学出版社，2014, 49-60.

② John Z.langrish. Correspondence incremental Radical innovation. Design Issues.2014, 30(3).

③ Charles Darwin. The Origin of Species By Means of Natural Selection 6th edition. London: J Murray. 1859,58.

去对另外更好方式的选择，所以全局优化式的设计方式为新意义的出现提供了可能。

3.4 设计合作

3.4.1 概述

合作方式决定设计类型，影响产品意义的产生。研发能力的强弱逐渐成为判断一个公司或国家强弱的标志。近年来大量研究表明研发能力的提升对于创新产出有积极的推动作用，更多的企业开始调整企业战略，不断增加企业研发投入，以改变企业创新能力。企业生存环境这几年也发生了改变，市场竞争加剧，而作为设计，不论是关于一个过程还是一个具体的物，它总是聚焦于创造一个新的事物。设计也由此得到了前所未有的关注。在商业视野中，设计作为一种创新资源。资源观管理论是当代企业管理领域重要的理论，沃那菲尔特（Wernerfelt）认为资源与企业的盈利能力密切相关，拥有资源优势的企业因此会获得高额的回报[①]。巴内（Barney）将资源观发展成为一种战略研究框架，他指出资源分布的不平衡以及企业拥有资源的差异性导致了企业竞争力的不同，只有具备了价值性、稀缺性、难以模仿或难以代替性的资源才能带来竞争优势[②]，之后还有学者从静态资源观转向了动态的资源观研究，不仅关注静态的资源，还关注资源获取的动态过程，如获取资源的能力、开放性创新品台的建设和社会化网络资源的利用等。因此各大企业希望通过对设计资源优化提升设计创新能力实现企业创新效绩的改变，寻求设计借力与合作也就成为企业提升新产品创新力和增加产品竞争力的渠道之一，从近几年我国设计公司增加数量以及我院横向合作课题增加数量可以得到证实。

在校企合作过程中，为了规范合作流程，保证合作效果，保护当事人的合法权益，双方时常会签订一份协议，在法律上称之为合同，合同内容包括当事人的名称或者姓名和住所、任务、成果、成果形式、流程、期限、报酬、支付方式和违约责任等。在某种程度上，这种合同又相当于双方当事人围绕要约内容拟定的一份合作计划，计划包含双方当事人对于合作任务标定和成果构想。另外这种合作常常是委托人（企业）向委托方（设计师）发出的邀约，因此委托人提出的任务框架以及构想往往会成为后期合作计划的主要框架，它对新产品产生直接的影响。合同法规定合同签约是在双方平等、公平和自由的原则上进行，因此双方对于委托任务有解释、询问和沟通的权益，另外由于这是一份委托合同，在沟通过程中，来自被委托方的意见和建议也会对设计任务修订和构建产生直接影响[③]。本节从合同签订看合作方式对于产品意义的影响。

3.4.2 合作的理论依据

任务生成不论是单纯来自委托方还是与被委托方共同构建的，这种任务可以理解为一种框架。“框架”一词来源于古代修辞学，在建筑工程中，框架一般是指由梁柱或尾架和柱联结而成的结构，而在认知心理学上，框架是记忆中的认知结构和在特殊语境中的信息安排。自戈夫曼（Goffman，E）1974年出版了《框架分析：关于社会经验组织的研究》后，戈夫曼由此将框架概念由认知心理学引入到社会学中，他认为框架最重

① 陈雪颂．设计驱动式创新机理与设计模式演化研究 [D]．杭州：浙江大学管理学院，2011, 183-189.

② Barney,J.B. The resource-based view of the firm: ten years after 1991. Journal of Management. 2001, 27(6):625-641.

③ 合同法律随身查（图标速查版）[M]．北京：中国法制出版社．2009, 3.

要的就是将社会现实转化为人的主观思想，它成为人们理解和解释事件的一种思考结构。框架既包含过去经验的东西，也包含有来自社会文化意识的影响[①]。随后在1975年“框架”术语被引入到人工智能领域，主要指记忆中的认知结构和适应新环境的认知结构。现在“框架”一词已经被不同领域所应用，包括哲学、经济学、认知心理学、语言学和话语分析研究、传播学、媒体研究、科学、政策研究和社会学中，当然也包括设计领域。在这些领域中，框架主要有两种解释，一种是人们对外界事物理解的心智代表，若经启用可影响其后续诠释或判断，另外一种是来自社会化的信息结构，它在影响人的判断和推断上变得很重要[②]。另外加姆森（Gamson，W.）把框架归纳为两种理解：一类是指“界限”，可以引申为对事件的规范，人们借以观察客观现实，凡纳入框架的内容，都成为人们认识世界的部分，另外一类则是指人们诠释社会现象的“架构”，界限主要针对人的认识结构而言，架构以信息交换和互动为意向[③]。也就是说界限为架构设置了大致边界范围，后者又会引领前者如何取舍。因此在此所说的任务框架，首先是一种任务标定和边界划定，同时它也是委托方对于事物认知方式的反映，认知方式决定任务标定和边界划定。德伯偌（Deborah Tannen）讨论了“知识结构集”和“迭代”对于融合和理解框架解释有一定的帮助，对于德伯偌（Deborah Tannen）而言，“知识结构集”是建立在先前对于物、事件和环境认知经验上的期望，然而“迭代”是一种能对谈话内容和活动事件很好把握的超常规能力[④]。在设计理论中框架概念主要建立在肖恩反思实践理论上，在肖恩视野中，描述问题术语的选择和问题推理方法一定和看问题的视角紧密相连。在拟定设计任务过程中，大家自然会秉持各自的视角，客户必定会基于自己对问题空间认知以及他们早先所经历设计解决方案的经验上拟出的设计任务[⑤]。尼奥森（Nelson）和斯特勒曼（Stolterman）也指出设计师由于其职业身份，包括知识结构、指导原则、识别和策略等，都会影响和形成设计师对客户早期提出的任务进行再构建的方式。[⑥]达克（Darke）在黑勒（Hillier）、慕斯（Musgrove）和奥斯（O' Sullivan）的设计过程中联合推理分析模型基础上，指出形成设计师的任务框架的推力会加深理解设计师是如何进行设计任务再构建[⑦]。

通过文献分析可以看出，设计师和他们的客户会根据各自的经验形成他们认为的理想和合适的设计结果的认知。正是这些认知的不同造成了不同“框架”的产生，框架不仅包含看问题的方式或问题情境，它也是一种解释相关性的方法。框架不仅简化和创造了看待问题情境的另一个视角，同时也可以激发产生更多设计思路的方案空间。框架再构建主要目的是采取一个新的用来解释设计背景和设计任务的框架，尽管在设计过程中继续原有的框架也有可能出现框架再调整，但存在随机性的[⑧]。另外构建框架的双方事先在心理已构建好设计预设情境，但他们对已有框架理解和框架再构建的潜力认知是建立在他们自己设计经验之上，很可能他们不知道

---

① Goffman,E. Frame analysis: An essay on the organization of the experience. New York: Harper Colophon.1974.

② Minsky, M. A framework for representing knowledge. Readings in Cognitive Science. 1974, 8(76):156-189.

③ Reese, S.D. The Framing Project: A Bridging Model for Media Research Revisited. Journal of Communication. 2007, 57(1):148-154.

④ Tannen, D. Frames revisited. Quaderni di Semantica 1986, 7(1): 106-109.

⑤ Schön, D.A. Problems,frames and perspectives on designing. Design Studies,1984, 5(3):132-136.

⑥ Nelson, H.,&Stolterman,E.The design way: intentional change in an unpredictable world. Englewood Cliffs. NJ: Educational Technology Publications. 2003.48-51.

⑦ Darke,J. The primary generator and the design process. Design Studies. 1979, 1(1):36-44.

⑧ Bec Paton, Kees Dorst. Briefing and reframing: A situated practice. Design Studies 2011, 32:573-587.

框架是可以改变。通过实际实例来进一步理解框架在设计思维中所扮演的角色，以及在实践中框架对设计的影响。

3.4.3 设计方式的实验调研

本节研究数据来源主要有两个方面，一是作者本人近几年所参与过的项目，然后通过对项目负责人调研和采访而来的，另外一部分通过对不同项目的设计师进行的调研和采访。所有项目都是来自于企业的实际课题，主要关于产品设计，只有少部分关于视觉和交互设计项目。设计师都具有多年的实际设计经验，且参与过不同项目谈判。委托的企业有规模比较小的，人数只有30人左右的公司，也有大的公司和国营企业，人数上千甚至万，在小的公司中，公司总经理会直接参与项目商务谈判和任务沟通事宜。在大的公司中，一般公司总经理不会参与，直接由项目经理或研发经理参与项目商务谈判。调研一共调研了20个设计项目，有10名项目负责人。

本节研究主要采用现象描述分析法和扎根理论分析法。通过对人们所做的描述进行研究和分类的方法。人们对同一现象的各种各样的描述可以归结为有实质性差异的有限的一些类型。不同类型的描述代表了不同的观念，通过对观念的研究达到对周围世界更好的理解[1]。扎根理论是哥伦比亚大学（Columbia University）阿瑟目（Anselm）和格拉色（Glaser）两位学者建立的定性研究方法。其主要着眼于实际观察，基本路线为从原始资料到经验，再到系统理论的过程。[2]

为了解决设计师对作为专业现象的项目谈判的看法，本研究主要通过访谈和对话形式对设计进行数据收集，询问内容如“在实际过程中，一个项目的签订所耗时长为多少，项目谈判的内容都是什么，项目的要求是什么”等。在所有的案例中，设计师一致认为项目谈判是一个同客户对任务标定的过程，也可以理解为是对项目前景、方法和价值构想的过程，是双方相互认知的一种分享，而这种过程是一个和客户不断沟通和讨论的过程。不断沟通并不断修改合同文件的过程表明它是一个高迭代的过程。项目合作类型的判断，主要通过设计师在项目设计过程中承担的角色和合同签订的内容来判断，比如通过问设计师，在项目中他们承担的角色是什么，客户希望他们在项目中承担什么样的角色，以及哪些项目是他们感受最好的，他们自己希望在项目中承担什么样的角色等问题。

3.4.4 实验数据分析

根据对20个项目，10名项目负责人兼设计师访谈调研统计，合作类型大致可划分为以下三类。

不同项目的合同签约所花时长与技术要求（甲方给乙方的） 表3-1

项目	项目编号																			
	1	2	3	4	5	6	7	8	9	10	11	12	13	14	15	16	17	18	19	20
签订项目所耗时长（天）	13	10	16	7	12	7	10	7	3	50	25	50	40	50	20	25	120	110	/	/
技术要求（项）	12	13	15	10	8	10	8	11	7	8	8	6	5	4	4	3	1	1	1	1

① Marton, F. Phenomenography: describing conceptions of the world arounds us.Instructional Science.1981.10:177-200.

② Glaser, B.G. Doing grounded theory: issue and discussions. Sociology Press.1998.

第一类是技术型（清晰型）。设计师们认为这类设计任务的特点为具体且明确。客户的特点是，客户对自己要什么非常清楚，设计师的任务就是按照客户要求设计，这类任务唯一需要设计师明确的是一些细节上的内容。客户往往会提供一个具体的设计参照对象，而且项目的技术规格也非常具体，如长宽高等尺寸，产品结构都已确定，使用的材料、工艺、加工技术也确定了，甚至颜色也有一定的倾向。合同签订过程用时比较短，期间和客户的沟通主要是为了明白客户的想法和目的。尽管项目签约非常干脆，但设计师们认为这类合作也是他们最不愿意选择的一种类型。在这类项目中，设计师是在项目后期才被邀请，加入到项目的开发过程中（图3-5）。

第二类是专家型（半清晰型）。这类设计任务没有前一类任务那么清晰。客户的特点是，客户对自己所需要的东西（更多是对物的描述）处于清楚和非清楚之

图3-5 第一类技术性（清晰型）合作项目
（A为设计原型或参照样机或竞品，B为设计项目结果）

间，这类任务时常也会有一个设计参照对象，客户对待参照对象的态度是处于参照和不参照之间，如果有好的想法可以采纳，没有好的想法就按照参照对象进行设计。设计师们认为客户的意愿是希望设计师按照他的思路，凭借设计师专业知识帮助他们完善一份可实现的任务计划。这类项目在合同签约前一般双方会有较多次的沟通和交流，因此这类项目签约用时长会比第一类要长。设计师沟通的目的是为了解清楚客户的需要，客户沟通的目的是想知道设计师的想法。这类任务与技术型合作相比，通过调研发现，大多数设计师倾向于这一种。在这类项目中，设计师在项目的中前期开始加入到项目中（图3-6）。

第三类是共同构建型（模糊型）。和前两类相比，这类项目特点是在产品技术以及产品细节方面要求比较模糊，甚至没有，有时候连要做的产品大概什么样也不清楚，客户更多的是对境况的描述，如当前产品竞争力弱，市场不好，想改变现有状况开辟新的市场等。客户的特点是，客户不清楚自己该做什么样的产品，他们需要设计师的加入。设计师对这类项目的感受是，客户希

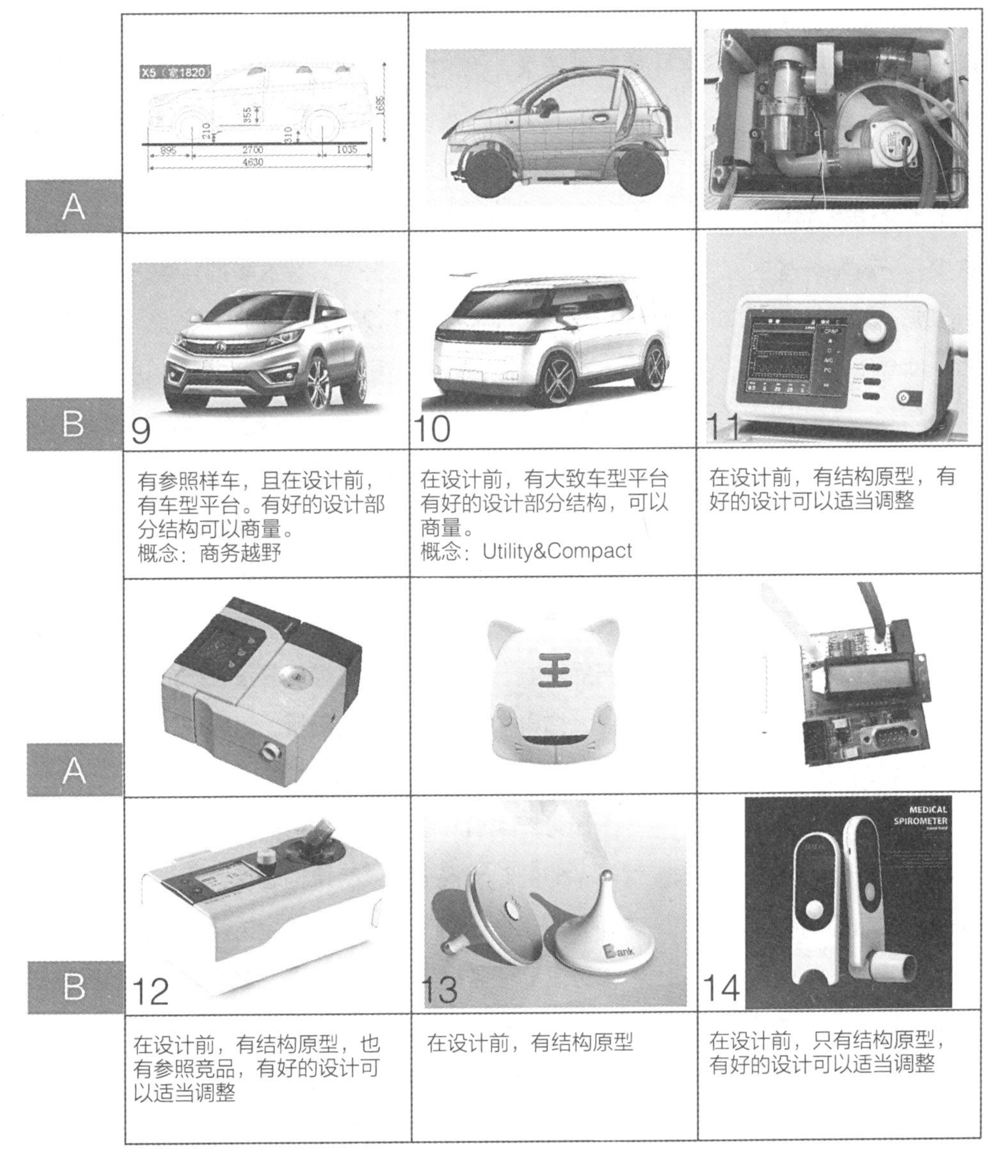

图3-6　第二类半清晰型合作项目（A为设计原型或参照样机或竞品，B为设计项目结果）

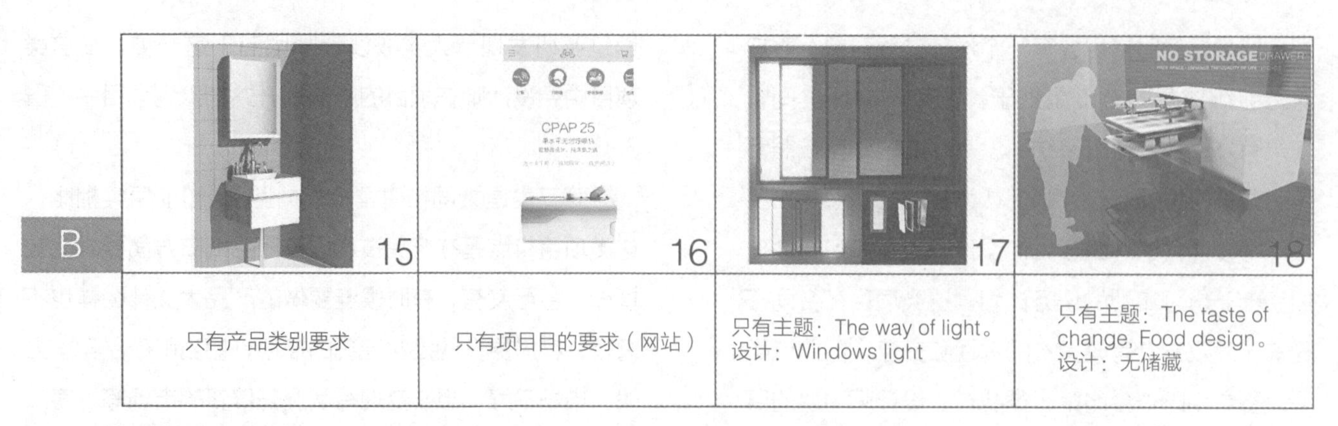

图3-7　第三类模糊型合作项目
（B为设计项目结果）

望设计师能通过他们对境况的描述和实地考察，与他们共同构建一份设计任务，甚至能以代表客户自己的身份进行分析。这类项目的签约会有两类情况，一类是签约周期长，在签约前为了把任务理清，双方会进行多次的意见交换和沟通，甚至时间长达几个月或半年都有可能。在这类合作模式中，甲方给乙方的具体技术要求非常少，一般是一些主题而已。在调研中根据设计师反映，这类项目合作实际上是他们比较乐意接受的一种合作方式（图3-7）。

3.4.5　实验结论与讨论

通过对三种模式下的数据对比分析，可以看出在三种模式中，技术型的任务要求或限定最多且具体，这些限定或要求多数是从物的角度对设计做的限定，最后的设计成果也在意料之中；共同构建型项目最后设计结果跨度最大，也在意料之外，但这类项目的任务并没有更多且详细的关于产品的技术要求，只有关于当前行业境况或设计主题的描述，相比技术型，这类项目任务并不是很清楚，尤其在技术要求方面。半清晰型（专家型）处于前两种模式中间。在三类项目中，由于各个项目设计的产品类别不同，因此设计结果变化更多是指项目自身设计前后产品的对比。

在第一类模式中，这类项目任务要求更多是关于物的技术要求，也可以认为该类项目更多是从物的角度对设计的要求。这类设计项目可以定义为重复性或改进型项目。这种重复性表现在两类项目开发中，首先一类是对已有产品进行的一种扩展或改进。另外一类是参照市场别人的产品进行的开发。在这类项目中，产品的功能、结构和规格在委托设计时已经非常明确。在项目合同签订时，设计师没有机会对设计任务框架进行修改或再构建，设计师只能按照客户已有的框架进行设计。在调研中，这类项目更多是工程师主导的项目，而且是从结构和性能角度主导的产品开发。某种意义上客户把设计作为一种理性思维下的技术导入，由于我们国家企业发展历程的特殊性，往往多数传统型企业都是这种类型的产品开发，该类项目往往最后并没在产品意义上有所改变，如果从产品意义角度衡量，可以说这类项目更多是对现有意义的一种重复和延续。

在第二类模式中，该类项目的客户的态度处于中间状态，他们对于将来设计结果构想也处于半清楚半模糊之间。如果有好的想法，客户就会按照设计师的思路重新修订设计任务框架进行设计，反之，项目按照已有样机或现有方式进行。从调研数据中，可以看到有些项目在最后有新的意义产生（项目11、项目15），有些项目没有新的意义产生，可以看到双方沟通对设计框架的

设计项目要求（项目3） 表3-2

技术要求		
有参照原型	在 *** 产品基础上进行设计（具体见数字模型）	
外形尺寸	5700 × 3300 × 1760（mm）	
按键	面板、按键个数，位置都已确定（见数字模型）	
颜色	主色采用蓝色，可适当搭配其他颜色，与公司现有主流产品颜色一致	
外形要求	硬朗	
产品部件	机床外罩 \ 床身 \ 机床横梁 \ 激光器 \ 冷水机 \ 电控柜 \ 稳压电源 \ 气动柜	
	激光器	有原型参考
	稳压电源	前后双开门
	上料方式	按照现有
	维修方式	按照现有
	冷水机	方柜型
材料	钣金材料	
	玻璃窗为防辐射有机玻璃（颜色：绿色）	
安装工艺	激光头罩子为铝材质	
成型工艺	组合拼装，可拆卸	
	钣金折弯工艺	

设计项目要求（项目13） 表3-3

技术要求	
有参照原型	有竞品参照（见实物与照片）
外形尺寸	内部机构参考尺寸 - 见实物模型 - 可以调整
按键	可以调整
颜色	暂时没有
外形要求	无
产品部件	主机，工作原理（见工作原理模型）
	气道——符合原理的情况下，可以调整
	显示屏——110 × 80（外尺寸）
材料	ABS 工程塑料

修正以及和最后的设计结果存在相关性。在前面有关“框架”的文献中也有解释，每个人都有自己认识事物的方式和固有框架，沟通的过程实际上是对任务边界和任务框架的重新划定和构建的过程，当然这种沟通也是对认识方式的重新修订，沟通方式在此也变得十分关键。因此双方沟通对于这类项目很关键，设计师的要求也非常高，因为设计师需要通过沟通说服对方。另外既然要说服对方，对产品未来设想一定也是离不开的，因此此时的双方沟通已经属于项目开展过程的一部分了。

相比前两类，在第三类模式中任务最不清楚，但最后产生的设计结果跨度也是最大。这里的任务不清楚主要是相对第一类项目而言，是从物的角度对设计的要求比较少，甚至没有。从第一类和第三类项目对比研究可以看到，任务要求决定设计项目类别，设计结果和任务要求的内容有关，从物的角度对设计进行的任务要求往往不会产生新的意义，在没有过多和明确的有关物的要求情况下有新意义产生的可能。在此本书把项目结果任务要求清晰与否直接影响对设计意义的探讨空间。

造成以上结果的原因主要是，从物的角度在技术层面下达技术要求，在具体操作上比较容易实现，这样更容易促成合作意向的达成，因为合同目的在于明确双方任务，一旦产生纠纷可以按照合同进行追究责任，因此设计任务的不明确性，也就成为合同达成最大障碍。在具体实践中，客户往往会尽力把设计任务转化成一个具有明确技术要求的设计任务，提供给设计师，这样的目的就是为了去掉合同中不确定因素，殊不知，这种明确性反而限制了产品新意义探讨。

在第三类合作项目中，常常以设计主题代替设计技术的要求。为了避免模糊性给合作带了不确定性，在合同签订上也有一些尝试，常常有两种签约方式，一份以设计调研为载体的任务约定，调研的过程实际上也是增加沟通机会，为的是对任务重新标定和构建。另外一份就是针对重新标定了的任务所签订的真正合同。有时候这两份合同同时签订，执行时间不同，有的项目是在签订前，先签订一份合同，然后根据实际进展情况再签订另外一份合同。另外一类彻底没有专门的合同，以一种竞赛的形式，或者是为了项目能尽早启动，先签订一个合作协议，然后随着项目进展再进行内容细化或另设新任务，但这一种情况比较难操作，真正把这类合作形式开展好的比较少。但是这样的做法目的也是尽可能从操作上放宽对项目从技术或物的层面对项目的要求。

相比其他两类合作，在产品开发的整个流程中，该类合作模式的项目也是最早引入设计的一类，基本上从项目开始就介入了设计，在某种程度上可以看出，设计介入的产品开发的时间早晚也会对设计结果有影响。设计介入得越晚，改变设计结果的可能性越小，新意义产生的可能性也就越小；设计介入得越早，改变设计结果的可能性越大，有新意义产生的可能性也就越大。

受条件的限制，关于合作模式与意义研究的样本量不够大，如果调研的样本量再增大一些，实验的结论还会更明显，不过目前的样本具有一定的代表性，还是能够看到趋势变化，在任务上有关物的技术要求越模糊，意义产生的可能性越大，合作方式对设计结果会产生直接的影响。

小结

本章研究主要围绕人类造物活动，从宏观和微观两个不同角度对设计行为进行研究，宏观主要通过对设计历史事件的变迁研究，探寻设计行为背后人们对于设计活动目的性变化。微观一方面主要通过对设计方法以及具体设计过程理论研究，探讨设计活动本身特点就意义产生而言，存在的不利或不易发觉的有利之处。微观的另一方面主要从设计合作方式看设计行为变化以及产品意义产生的影响，寻求对外合作是企业改善自身创新资源的有效途径，受到企业的青睐，而合作方式又会对设计行为产生影响，因此研究合作方式与产品意义之间的关系也是本章关注的内容之一。根据不同内容，分别采用史学研究方法、文献研究方法和现象描述分析法和扎根理论分析法进行研究。

1）从设计历史事件变迁的研究中可以看出，设计行为从比较个人化的一面走向社会化的一面，从满足自身需求的一种个人行为，成为探讨人类社会的工具，具体表现就是设计行为受到了知识分子的关注，思考设计能为社会做些什么。设计的社会性是由现代主义设计运动的先驱们明确提出并实践。随着社会向前发展，而这种社会性实际上体现在两个方面，即人类自身发展和社会经济运行两个方面，这两个方面恰恰构成了谈论设计的两个语境，两者之间存在一定的联系。

2）对设计方法以及具体设计过程研究表明，探寻设计方法是人类认识设计利用设计的必经过程，最早可以追溯到19世纪下半叶，设计方法也从个人经验性的、隐性的逐渐走向科学的、客观的设计方法，的确推动了设计大步向前发展。随着社会发展，人们对于设计的期望逐渐增加，希望通过设计方法研究更好地发挥设计作用，但是设计方法的研究逐渐走向了脱离内容的方法探索之路，忽略了究竟利用设计做什么的境地，这自然造成了对产品意义探索的制约与困惑。同时设计具有自己的特性，无主题，且存在模糊性，而模糊性常常被认为是不正常的一面，人们常常用清晰明确的主题所代替，这恰恰又制约了对产品新的意义探索。设计存在渐进式和革新式创新过程，渐进式在于不断优化已有设计，革新式在于抛弃已有的并提出全新的设计，人们更看重革新式设计所带来的新颖和与众不同。但是从数据处理角度看，渐进式的设计过程是一个局部优化的过程，革新式的设计过程是一个全局优化的过程，而设计是对人与社会关系的探讨，它不同于自然选择过程，拥有更多时间与机会慢慢进化，在设计上错误的抉择对人类会产生灾难性的结果，因此全局优化对产品意义探索而言，是一个相对可靠的设计过程。

3）通过对设计合作方式研究，可以看到设计合作模式大致有三种模式，第一类模式为清晰型，特点为合作任务清晰，尤其从物的角度在技术层面对设计的要求。在这类合作中，甲方在设计上更希望设计能向技术一样提供技术上支持，往往产生新意义可能性较少。第二类模式为半清晰型，顾名思义，设计任务处于清晰与模糊之间的状态，这类合作有时候会有新的意义产生，有时候没有新的意义产生，有没有和双方的沟通有关，如果在沟通过程中双方就讨论的内容有新的认识，甲方愿意按照乙方的思路重新调整设计计划。通过此类合作方式的研究，可以看到设计框架以及和最后的设计结果和双方沟通存在相关性关系。第三类模式为模糊型，也就是说设计任务最不清楚，这里不清楚更多的是指从物的角度在技术层面对设计的要求，最后设计往往会产生一些意想不到的设计，产品有新意义产生的可能，同时这类合作可以看作是一种探索性的设计。但这类合作由于任务的不清楚，以及法律文书——合作合同在签约中受限，在实际中这恰恰阻碍了双方合作意向的达成，限制了对新的产品意义的探讨。

第4章

产品“创意”的获取与产生

4.1 概述

本文所研究的意义是指，设计赋予产品的一种新的理解（Understanding），一种新的理解方式；而不仅仅是所谓的可理解（Understandable），一种完全建立在现有理解的方式。因此，产品意义的获取与产生是典型的“创意”或者“创造新意”过程。产品意义依附于产品而存在，新产品与新意义存在共生关系。设计是问题求解活动，当人类遇到新问题时，会触发改变和解决问题的冲动，人类与生俱来的天赋和习得设计能力，使之获取和产生“创意”，发明和创造新事物。从这个角度看，产品意义获取过程必然伴随着设计求解问题的过程。

设计活动缘起于“问题”，“问题”自然成为整个设计活动的焦点。在解决问题过程中，人们一般不会对看待问题的视角做过多的质疑，因为问题一旦形成，看待问题的视角也已经确定，问题视角决定问题本身，此时设计更多关心的是，通过什么样的手段，什么样的技术可以解决这些问题。曼奇尼（Ezio Manzini）认为，设计创新的意义不仅仅在于解决问题，更加重要的是为“新文明”的出现奠定了基础[①]。“文明”不能等同于科学技术，科学技术高明不等于文明高明[②]，关注事物应该是什么样比可以是怎么样重要得多和复杂得多。克里彭朵夫（Klaus Krippendorff）认为，赋予一个新的意义才是产品开发的根本。就是说，“新”的意义不仅可以理解为解决问题，而且是一种看待事物的新视角和新观念。由于问题带来的不便，所以问题又是比较容易被识别的。因此，如何从解决一个“具象”的问题入手，来获取和产生产品的意义，成为本章研究的主要内容。

本章主要透过具体的设计实践，探讨获取产品意义的方法与过程。参加课程的学生为湖南大学设计艺术学院工业设计专业，2013级本科三年级学生，人数22人。该实践为一个设计课程（48学时）。本研究主要采用回顾性实验法、观察法、内省法、比较法、访谈法以及文献阅读方法[③]。

具体研究内容包括，每个学生的最后设计成果，各阶段具体时间进度、各阶段主要设计内容、期间所使用的设计方法以及学生课程感受等，主要采用回顾方法，结合过程记录资料对每个学生课题进行分析和总结。笔者作为指导老师，参与了每个同学的设计过程讨论，每个同学在课题开展过程中所采用的设计方法，原则是以学生为主，教师为辅。最后，对学生设计成果进行了分类并对比，对有新意义的设计过程与方法做重点分析与讨论。

理查德·布坎南（Richard Buchanan）把设计师看作是病态问题的解决者[④]，在设计过程中，关于问题解决方案的寻找自然成为整个设计活动的焦点，设计活动是以方案构思为驱动，方案驱动主要是就现有问题来进行的解决，而从具体设计问题到产品意义这个过程中，为什么有些课题产生了新意义，有些课题没有产生，产生新产品意义的关键步骤是什么，核心内容又是什么，这些都是本章节所要讨论的问题。

产品意义描述也是本章研究的内容之一。由于本文所研究的意义是指赋予产品的一种新的理解，而不仅仅是所谓可理解，即一种完全建立在已有理解方式的理解。既然是新的，从来没有过的，同样存在被认知和被理解的问题，即新的意义是如何被认知和理解，因此产

---

① 埃佐·曼奇尼，马瑾．设计[M]．钟芳译．在人人设计的时代．北京：电子工业出版集团，2016,11.

② 木心，陈丹青．文学回忆录（下）[M]．桂林：广西师范大学出版社．2013,697.

③ Randolph Glanville. Research Design and Designing Research. Design Issues.1999,15(2):80-91.

④ Richard Buchanan. Wicked Problems in design thinking. Design issues,1992,8(2):5-21.

品意义的描述也变得非常重要。产品意义并不像具象的产品一样，由具体的结构、材料和颜色构成，但产品意义可以借助产品，但又不完全是产品本身，至于怎么样，这些都构成了本部分中产品意义描述所要讨论的内容。

4.2 回顾性设计实验

4.2.1 设计实践安排

课程介绍：课程时间为期6周，每周8节课（每节课45分钟），分2次上，每次4节，两次间隔为2天，周一上午4节，周四上午4节。

课程内容：设计的主要内容是关于食物方面的设计，但不是食物设计。具体主题为“The Taste of Change, Design for Food/Tools. Systems and Service”，该主题为2015年米兰世博会主题“哺育地球，为生命蓄能”的衍生主题，The Taste of Change包含生活习惯，生活方式，食物消耗、保存和生产，以及文化的多样性和生物的多样性。

学生人数：22人。为本科学制的三年级第一学期的学生，课程组织方式为一人一题。

教学安排：第1周为设计解题&选题；第2周~第4周为设计分析；第5周为方案构思；第6周为方案生成。科瑞讷（Corinne Kruger）参照Kruger的产品设计过程概念模式①以及维利各（Wielinga）、思瑞波（Schreiber）认知模型工具②，把设计解题过程划分为以下步骤，主要包括：1. 数据收集；2. 数据有效性和价值评价；3. 需求和限制定位；4. 行为和环境模型还原；5. 问题和可能性定位；6. 方案构思；7. 方案评估；8. 方案生成③。本课程基于这个设计过程进行了再划分，设计过程大致分为四个环节（设计选题—设计分析—方案构思—方案生成）。

4.2.2 课程方案评价

首先对22位同学设计结果进行了评定，评定有无新的意义产生。课程结束后，共收到22件设计作品，其中除了一位同学使用了App为载体呈现设计方案外，其余21个同学的作品都以产品为载体进行了方案呈现。评判有无新的意义，主要标准是与各自先前描述的事情进行对比，如果在设计后，在事情的完成上它并没有带来改变，只是对原有方式的完善，那就认为没有新的意义产生。比如一位同学的课题描述为“羊肉串的铁签设计不合理，在吃羊肉串的时候总是弄得脸颊上都是油”。

最后的设计方案并没有在事件上产生变化，只是通过产品的功能设计，实现对原有事情的完善。而另外一个同学的课题描述为“食品包装开口问题，密封性差，且时间长了容易忘记储藏的食物，等下次想起来的时候食物已经坏了，只好丢掉”。最后的设计方案是一个“无储藏”理念的橱柜抽屉设计，通过前后对比，发现新的设计方案出现，使得原来境况得到了改变，同时带给人们一种的新的生活方式——无储藏。也就是说在产品设计过后，事情变得不一样了，即产品意义发生了改变。经过对22件作品分析评定，最后评定的结果是，有4件作品有新意义产生（分别是1号，10号，18号和22号），其余18件作品无新意义产生（表4-1）。

---

① Kruger, C.Cognitive strategies in industrial design engineering, PhD thesis, Delft University, The Netherlands,1999.

② Wielinga. B, Van de velde,W.Schrieber,G and Akkermans.H. Expertise model definition document KADSII/M2, University of Amsterdam.1993.

③ Kruger, C.Nigel Cross, Solution driven versus problem driven design: strategies and outcomes. Design Studies 2006, 27:527-548.

课程结果统计 表4-1

学生	设计问题	最后的设计		结论
学生 1	食品包装开口的问题，密封性差，时间长了忘记吃了，想起来已经坏了	以橱柜抽屉为载体，设计了“无储藏”式设计，倡导了一种“无储藏”生活	 NO STORAGE	有√
学生 2	买回来的食品总是忘记吃，等下次看到了，已经过期了	最后的设计是一个时间定时器		无
学生 3	牛奶盒设计不合理，剩余的牛奶总是喝不到	最后该同学对牛奶盒吸管和牛奶盒插口做了改进设计	 Milk box and Straw	无
学生 4	橱柜灶台边缘设计不合理，台面的水渍会流到地板上，不好清理卫生	最后的设计是一个台面桌布	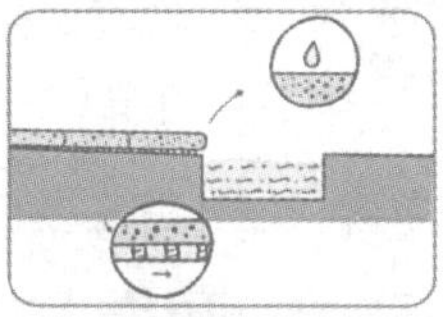	无
学生 5	水杯不好看，不愿意带，更愿意买矿泉水	最后的设计是一款两用杯（瓶 + 杯）	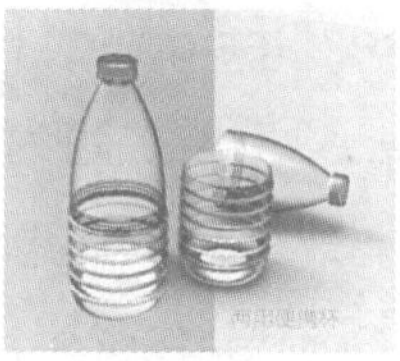	无
学生 6	羊肉串铁钳不好，吃的时候总是搞得脸颊上	最后是一个可以拆分的羊肉串铁钳设计	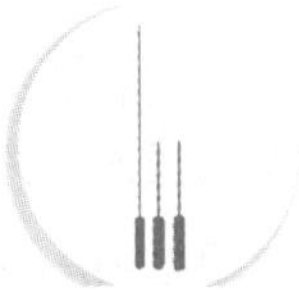	无
学生 7	购物袋不合理，老人提不到	最后的设计是一个符合老年人使用的推拉小车		无
学生 8	吃粉和面条的时候，总是会把汤溅出来，能否加一个遮挡的东西	最后重新设计了碗的形状，便于盛放面条	 碗·包容	无

续表

学生	设计问题	最后的设计		结论
学生 9	现在的食品包装，没法试吃，也不知道食物是什么味道	最后重新设计了食物包装印刷		无
学生 10	喜欢喝汤，现在的汤锅使用起来又比较麻烦，不够智能，做不出妈妈味道的汤	最后的设计是一款慢生活“煲汤锅”，倡导一种慢节奏，细口味的生活		有√
学生 11	方便面盒太大，携带不方便	最后的设计是一款可伸缩的方便面盒	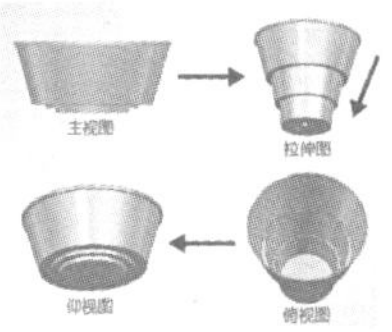	无
学生 12	餐厅圆餐桌就餐不方便，不愿意坐在上菜口	最后的设计是一套可转动的就餐位置		无
学生 13	冬天不愿意吃火锅，火锅飘的味道太大	最后的设计是一套就餐服装	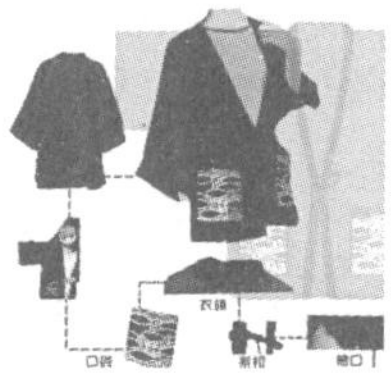	无
学生 14	打开菠萝蜜水果的工具不好用	最后设计了一开启工具	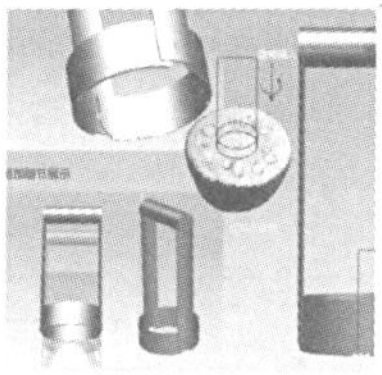	无
学生 15	砧板不好用，生熟不分，不卫生	最后的设计是一个卷轴式砧板		无
学生 16	早中晚每次吃饭的时候特别纠结，不知道该吃什么	最后的设计是一个膳食健康 App		无

续表

学生	设计问题	最后的设计		结论
学生 17	锅在收纳的时候最不好收纳，取放也不方便	最后的设计是一个可存放锅的置物架		无
学生 18	带餐盒外出不方便，不愿意随身携带，也不愿意带着去食堂，更愿意在宿舍直接点外卖	最后的设计是"学习与餐饮"公共空间融合设计，打破了原有生活学习方式	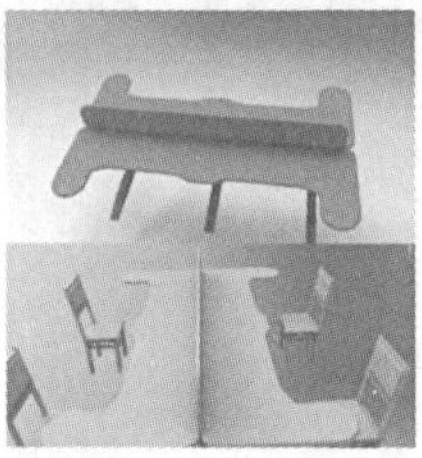	有√
学生 19	汤从汤锅倒到盆里的时候不方便，会有汤飞溅出来，比较危险而且不好搞卫生	最后的设计是一个"1+1"式的汤锅，食材可以放在汤锅的小容器里面		无
学生 20	饭碗不好清理，没有合适的工具	最后的设计是一个洗碗刮	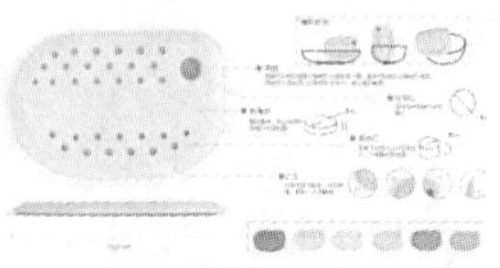	无
学生 21	蜂蜜从蜂蜜罐取出的时候容易把蜂蜜滴在桌面上	最后的设计是一款蜂蜜取放装置		无
学生 22	父母喜欢在阳台上种菜，利用废弃的花盆，既不美观也不好用，能否设计一个新花盆	最后的设计是一个公共空间下的种植装置设计。把老人从封闭的空间引出来，增进和外界沟通交流		有√

4.2.3 设计过程回顾与创意分析

按照有无新意义产生，把22件作品分为两大类，一类是有新意义产生组，另一类是无新意义产生组。随后对两组同学的设计过程进行了回顾性调研和对比。为了便于区别，把有新意义产生组称为“有新意组”，没有新意义产生组称为“无新意组”。通过对比，两组对比的结果主要有以下方面：第一，有新意义组在分析阶段停留时间长于无新意义组，而两组进入分析阶段的时间大致相同。第二，在分析阶段，两组分别采用了不同的提问方式。第三，在分析阶段，有新意组讨论的频次明显高于无新意组。第四，在新意义组的课程感受资料中，看到有新意组的同学用“豁然开朗”“灵光一现”和“恍然大悟”描写当时新概念或新观点出现的状态感受。

两组对比结果具体如下：首先，在第一周结束后基本上每个学生都能顺利找到自己的选题，只有4位学生在第二周的第一次课程结束时才正式确定了自己的主题，在进入分析阶段之前，同学们对各自的问题都进行了陈述和解释。

对22位同学实际用时进行了统计（表4-2），在两组学生中，有新意义产生的学生，在设计分析阶段所用时间相对偏长，有4位同学在设计分析阶段所花时间都比原有计划要长，其中3位同学总共用时为4周，而另一位同学比原有计划延长了2周，共用了5周时间。相反，在没有产生新意义设计的同学中，他们多数在设计分析阶段用时比较少，甚至有12位同学提前一周完成分析过程，直接进入下一环节，方案构思环节中。

其次，对两组同学设计分析阶段的分析过程进行了回顾性调研。在设计问题选定后，所有同学都针对各自问题进行了实地调研、观察、走访以及桌面调研。根据分析阶段的过程资料记录，可以看到两组同学使用的路线不同，如果把“提出问题—找到解决问题方案”这个过程，按照事物发展的顺序先后连起来，有新意组同学走的是回溯路线，对提出的问题继续向上追问，无新意组走的是直奔方案的路线。在发问方式上，有新意组的学生采用的发问方式通常是：“为什么会产生这样的问题，这个问题是一个什么问题，是什么导致了这种现象，产生的原因是什么”等；而无新意组的同学，在他们的分析过程中，最常采用的发问方式是“怎么样，如何”（表4-3），他们紧紧围绕自己选定的问题，分析问题的具体症结和原因在哪里，目的是想通过对问题症结了解达到对设计问题的化解。比如在吃面条的时候，时常有汤溅出来的课题，该课题同学对吃面条过程进行了

时间进度表　　表4-2

教学计划	时间	学1	学10	学18	学22	学5	学16	学4	学7	学12	学14	学21	学2	学3	学6	学8	学9	学11	学13	学15	学17	学19	学20
选题	第一周																						
分析	第二周																						
	第三周																						
	第四周																						
方案构思	第五周																						
生成	第六周																						
	第七周																						
	第八周																						

有新意义产生组（左）和无新意义产生组提问方式（右）对比表 表4-3

序号	提问方式	
	有新意义产生组	无新意义产生组
1	你们喜欢……，为什么？	不知道这样……可以不可以？
2	二者之间有什么关联？	怎么样处理？
3	感受是什么，那又是为什么呢？	如何解决？
4	为什么不愿意呢？	为了防止……，这样……可以避免
5	不怎么……，反而……原因是什么？	想到的方案，功能是……
6	是什么导致了这种现象？	……设计有问题，所以打算设计成……
7	产生的原因是？	这样的情况，有哪些处理方法？
8	背后的动机是？	有什么好建议
9		怎么办？
10		求一个好办法

视频拍摄，对吃面条的过程逐帧分析，寻找汤飞溅出来的具体原因，期望通过对过程的观察找到解决问题的突破点和办法。而有新意组的同学们，他们并没直接寻找问题的具体解决方案，而是转向对人和事的讨论，从具象的食品包装口的问题转向对食物储存、生活节奏、健康生活、食物浪费以及居家环境等事情上，不断地修正设计问题。本文把新意组的这种路线称为“问题跨越”，即从关于物的问题到人和事的问题的跨越。

另外，通过对两组资料对比，还看到一个不同之处，有新意组的同学除了他们在分析阶段耗时较长外，他们讨论的频次也高于其他同学，全部在20频次以上（表4-4），在课程组织上，尽管在每次课上都安排了小组讨论和一对一讨论环节，但是在讨论过程中，无新意组表现的更愿意独自思考，进行逻辑上分析与推理，而有新意组除了安排的讨论外，他们与老师和不同同学沟通的频次要高于无新意组的同学。

在讨论过程中，两组学生采用了不同的讨论方式，有新意组同学采用了不断变换讨论角度，比如从食物本身到生活节奏再到健康生活和家居环境等。还有一个细节，有新意组同学更愿意和不同的人进行讨论，例如他们借助了及时在线工具和他人进行讨论。本文认为有新意义组采用的不断变换讨论角度和参与讨论的人的方式，其最大的好处在于实现了看待问题视角的变换，从多角度方式对讨论内容进行再理解，由此逐渐逼近事物的本质和核心（图4-1）。而无意义组采用层层剥茧的方式分析产生问题的原因，最后实现对问题的解决。本文认为有新意组采用的这个过程或方式是一个诠释的过程（图4-2）。

最后，在学生课程感受和总结中，有新意义组的学生用豁然开朗、灵光一现、恍然大悟等词描写对一件事

分析阶段学生讨论频次统计表 表4-4

	学生编号																				
	1	10	18	22	5	16	4	7	12	14	21	2	3	6	8	9	11	13	15	17	19	20
讨论频次	25	24	22	21	15	14	13	10	12	11	6	7	4	3	5	6	3	7	7	5	7	8

图4-1 8号同学分析问题部分过程（左边）和无新意义产生组解题方式

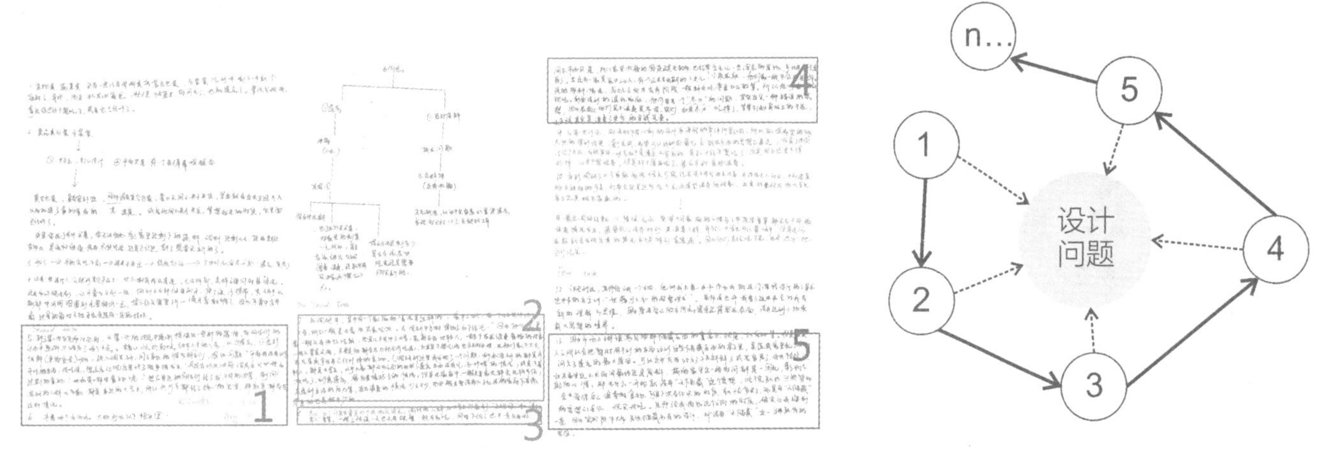

图4-2 1号同学分析问题部分过程（左边）和有新意义产生组解题方式

情苦苦思索后的突然理解，以及产品新意义产生的那一刻状态感受，本书把这个过程称为“顿悟”的过程。

4.3 创意获取的三个典型过程

4.3.1 问题跨越的“创意”过程

在第一阶段的选题结束后，22个学生都能顺利找到自己的选题，这些选题全部是关于具体产品问题的内容，每个学生在课程中也分别进行了课题陈述。在选题之后，每个同学根据各自课题开展了相应的设计分析，大家的设计过程也从此刻发生了分化。设计发生分化一定是和设计过程采取的路线不同有关，究竟是什么路线，这成为本部分要讨论的内容。

荷兰代尔夫特理工大学的康瑞那（Corinne Kruger）和英国开放大学柯若斯（Nigel Cross）认为设计策略影响设计路线，不同的策略会带来不同的设计路线。他们根据设计过程的驱动力把设计策略大致划分为四种类型，分别为：问题驱动，方案驱动，信息驱动和知识驱动[①]。在设计实践中，这种驱动力主要体现为设计行为背后关注点的不同。问题驱动类型主要表现为对问题重新定义的关注，方案驱动表现为对问题解决方案的关注，信息驱动表现为对问题所涉及的相关信息的关注，不断收集关于问题方面的资料，知识驱动表现为对类似问题解决方案的关注与找寻[②]。在四种驱动类型中，信息驱动和问题驱动在目的性上有一定程度的相似性，都是为了对设计问题有进一步的理解并对问题进行新的定义，只是信息驱动类型没有问题驱动类型在问题再定义上表现的强烈。方案驱动和知识驱动对于问题信息收集与分析并不是为了对问题进行新的理解和定义，而是想通过对问题的把握，提出解决方案，只是知识驱动没有方案驱动在这个方面表现的更为明显。

在本课题开展过程中，也可以看到有四种驱动类型的出现，问题驱动的为4人，分别为：学生1、学生10、学生18和学生22；信息驱动为2人，分别为：学生5和学生16；知识驱动的为5人，分别为：学生4、学生7、学生12、学生14和学生21，其余11个同学为方案驱动。按照设计过程关注内容的不同，本研究把以上四种设计类型划分为两大类，一类是问题定义型，即对问题进行分析和再定义。另外一类为方案构思型，即针对问题进行解决方案的寻找。在最后数据统计时，发现有新意义产生的学生都集中在问题定义型中。问题定义型是一种问题到另一种问题再到方案的过程，与方案构思型相比，问题定义型中间多了一个问题到问题的过程，这个过程表现为，从一种具象的关于物的问题到关于事情的问题的跨越。

这些具象的问题是一些关于产品的问题，如产品功能问题、造型问题、结构问题甚至技术的问题。在课程选题环节结束后，每个同学都能顺利找到各自的设计问题，比如牛奶盒设计不合理，剩余的牛奶总是喝不到、水杯和餐盒造型不好看、羊肉串铁签太长、食品包装开口密封性差食物不容易储存等问题。而这些问题共同的特点是，非常具体且可以观察到，只要设计师平时留意，这些问题一般都会被观察到。

从找到各自的问题后，同学们的设计过程开始逐渐分化成两类，一类是继续对设计问题进行追问（问题定义型），另一类是直接寻找问题的解决方案（方案构思型）。两类同学以不同的发问方式展开了后续工作，问题定义型的学生以“为什么”为发问方式，而方案构思型的学生以“如何”或“怎么样”进行发问。“为什么”是一种对具象问题更深层次的追问，比如1号学生的课题，每个家庭总会有各种即将过期或已经过期的食物，为什么会出现这样的问题，是买多了，还是忘记了，这个问题究竟是一个什么样的问题，原因是什么等。而“如何”“怎么样”是一种企图寻找设计问题答案的标记，比如8号、11号和20号学生，关于怎样才能避免汤汁飞溅出来，如何才能缩小方便面盒子体积，怎么样才能把碗洗干净等发问方式。

这种跨域除了从关注的内容和研究对象发生了跨越外，它还包含处理问题方法的跨越。费德里（Alain Findeli）认为，设计的目的是不断改善和维持世界在各个层面上的宜居性，从系统角度理解宜居性最为合适，因为“系统”概念，强调的是各要素之间的关系，这种宜居性实际上谈论的是关于我们人类与其赖以生存的环境之间的关系（Relationship）。而根据“生态”的定义[③]和人类生态学的定义[④]，人类生态学家同样也关注于人和人类所生存环境之间的关系。是否人类生态学家和设计者处理问题的方法相同呢？答案显然不是，费德

① Kruger, C. Nigel Cross,Solution driven versus problem driven design: strategies and outcomes. Design Studies 2006, 27:527-548.

② Chia-Chen Lu. The relationship between student design cognition types and creative design outcomes. Design Studies. 2015, 36:59-76.

③ 林文雄．生态学[M]. 北京：科学出版社．2013,15-20.

④ 周鸿．人类生态学[M]. 北京：高等教育出版社．2001,15.

里（Alain Findeli）认为人类生态学家是从科学的角度通过分析和描述的方法，对人和环境之间关系理论的构建，而设计师采用的方法是一种带有诊断式的规定性研究，对未来的一种设定。也就是说设计师不仅要知道在这个世上什么在运行，而且还要知道应该怎么样，设计师对人和环境关系的关注，其目的是想通过对人和环境之间关系再构建，使这种关系变得更为合理或人类生存环境更宜居。造成这种差异也和学科不同有关，与自然科学相比，设计是一门新兴学科，克里彭朵夫（krippendorff）认为设计是一种探索行为，不同于科学式的研究，科学研究关注于过去并注重对限制条件的观察，比如什么是不能的，还有什么没做到，是一种对已知数据的重复式观察，一遍一遍仔细检查确保没有任何数据漏掉，确保构建的这种关系是对客观存在关系的真实反映，自然科学认为世界就像我们所观察到的一样存在着，并且按照科学家所解释的逻辑规律一样运行，过去是这样的，现在也是，将来仍然还是。然而设计恰恰相反，纵观不同时期的人造物以及人造物发展历程，它们没有一样是重复出现的。从关于具象物的问题到关于人和事问题的跨越，也是从一种处理问题方式到另外一种处理问题方式的跨越，是对已有方式的脱离。

另外，根据阿彻（Bruce Archer）对设计研究的定义，设计研究是一个系统寻找和获取设计相关知识的过程[①]。中国工程院院士谢友柏认为设计是以知识为中心，不仅以已有知识为基础，同时是获取新知识的过程[②]，知识行为研究应该是设计科学的重要命题。知识固然重要，获取知识的作用是什么，克里彭朵夫教授（Kluas Krippendorff）认为，生成新知识意义在于改变原有的和熟悉的问题处理方式，是对新设计方案的一种支持。当然知识可以产生不同的方案，但是更重要的是带来了一种新的认知方式[③]。设计的目的不仅仅是为了寻找一种有效和高效的问题解决方案，设计还通过不同的视角，更好地理解我们所生存的世界，由此可以看到设计不单纯是在解决一个技术问题，它还关注人类对事物认知的问题。在信息驱动类型学生中，没有新的意义产生，也和他们没有把搜集到相关的知识转化为改变认知方式的有效资源相关，从学生5和学生16的回顾资料中，可以看到类似情况。

如果按照产品信息层的划分，具象的关于物的问题是第一层级信息，抽象的关于事的问题属于第三层级最高层。法国尼姆大学（University of Nîmes）费德里（Alain Findeli）教授把关于物的具体功能、造型、结构等这类问题称为“设计问题”，因为这类问题直接对应的是具体的解决方案，而这些方案是围绕具体操作和使用的，属于方法论层面。把关于产品背后的“人和事”的问题称为“研究问题”，这类问题一般不会直接对应问题的某种具体解决方案，更不会是关于具体操作和使用的内容，这类问题涉及的是关于思想和观念的内容，属于认识论层面[④]。因此从第一层具象的关于物的问题向第三层抽象的关于事的问题跨越的过程也是从方法论层面到认识论层面跨越的过程（图4-3）。

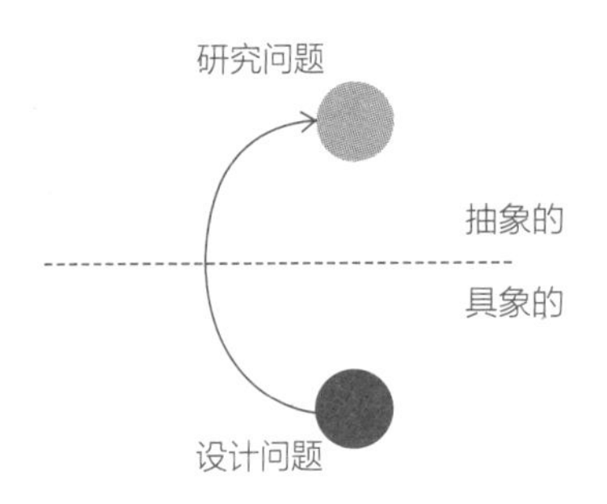

图4-3　问题跨越过程模型

① Talbot R. Design: Science: Method[J]. Design Studies, 1981, 2(2):118-121.

② 谢友柏. 设计科学中关于知识的研究——经济发展方式转变中要考虑的重要问题[J]. 中国工程科学，2013(4):14-22.

③ Klaus Krippendorff. Principles of design and a trajectory of Artificiality. Product Development & Management Association. 2011, 28:411-418.

④ Alain Findeli. Searching for design research Questions: Some conceptual Clarifications. Questions, Hypotheses & Conjectures, 2010:278-293.

从设计问题跨越到研究问题，意义在于关注焦点的转移，从物的问题转移到更宽层面人和事的问题，而人和事的问题恰恰是设计真正关注的问题或产品意义所在，因为产品意义面向的是人的未来生活。同时这种跨越还代表的是在处理问题方法和思路上的跨越，“研究问题”涉及的是关于思想和观念的问题，提供的是一种新的更好理解我们生存世界的认知方式，跨越自然还意味着是与已有思路、方法和方式的脱离。另外，产生跨越的刺激点或途径也许有多种，在本课程中可以看到发问方式是产生跨越的途径之一。

4.3.2 问题诠释的“创意”过程

在分析阶段，与无新意组的同学相比，有新意组的同学分析阶段用时偏长，讨论频次高，采用了不断变换视角的方式，本书把这个过程称为诠释的过程。这个过程，除了外在的几个特征外，还包含两个内在的特点，（1）是一个无问题指向性的过程。（2）在该过程中，观点不断地被修正与提升，整个过程曾螺旋上升趋势，表现为动态性（图4-4）。

首先，与无新意组同学相比，在该阶段，有新意组的同学，淡化了问题本身以及问题解决方案的寻找，他们把问题转化成了可供讨论的话题，在分析阶段，大量的时间用于对事物的讨论与理解，重在对事物的理解。

在以西蒙《决策制定理论》为基础的认知视角下，设计过程包括问题设置和问题解决环节，问题设置可以认为是对问题以及理解问题语境的重新梳理，但是如果把问题设置的目的仅仅看作是为了解决问题，在后续的设计过程中，自然存在方向性，方向指向的主体就是问题，问题与问题语境二者之间存在主次之分，也就是说一旦所要讨论的内容以问题的形式被定义了，意味着随后看问题的视角已确定，解决问题的方向也已经明确。在设计

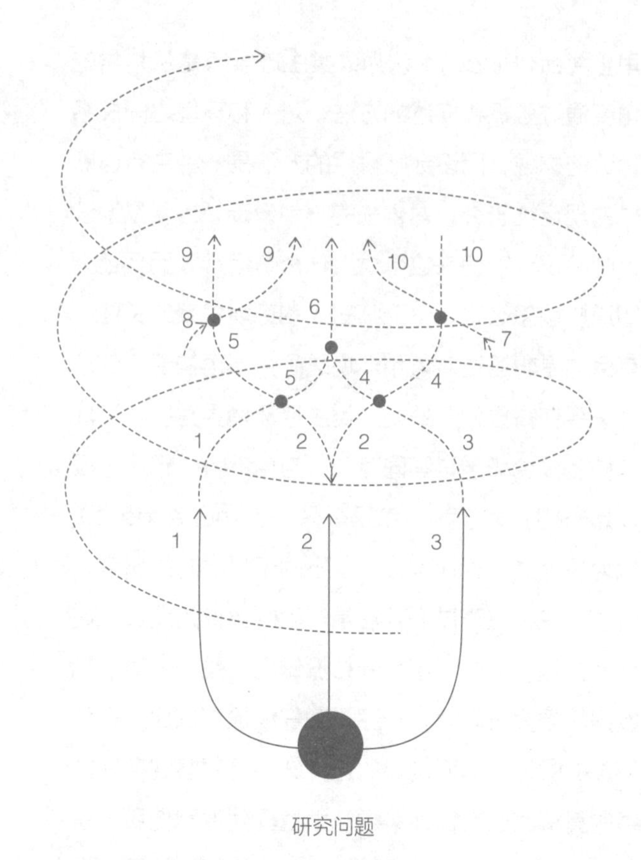

图4-4 诠释过程模型
（不同数字序号代表一种看问题视角或观点，线与线相交的节点代表思维交换与讨论，随着不同观点的加入与交换，诠释过程得到了进一步发展，呈动态性。）

课题中，例如，处理羊肉串铁签设计不合理，产品把手的问题，砧板太重等问题的学生，他们后续设计自然是围绕铁签、把手和砧板进行的优化设计。唐纳德·肖恩（Donald Schön）在其著名的反思实践理论中也指出，反思过程是以设计所处的语境（Design situation）为依据的反思过程，在产品设计中，事情成为产品的一种语境[①]。珂内（Coyne）&斯诺达（Snodgrass）认为，相比“设计是一个解决问题的过程”而言，设计过程是一个可以不断交互的过程，是设计与设计所处的语境不断交互的过程[②]。而在以“解决问题”为目标的设

① Schön, D.A. The reflexive practitioner: How professionals think in action. NewYork: Basic Book. 1983,43.

② Adrian Snodgrass, Richard Coyne. Is Designing Hermeneutical?. Architectural Theory Review, 1997, 2(1):65-97.

计过程中，问题一旦得到解决，设计也就意味着结束了[①]。这种无明确问题指向的交互过程，自然延长了交互的时间和过程，弱化了先前已有的看问题视角，在交互中加深了对事物的理解，同时产品的语境是一个较为开放部分，自然也带来了视角的多元性和开放性，例如学生1，从食物储藏到家居环境，再到生活节奏，到人的心理和环境保护等多个方面不断变化，实现了视角变换的可能。同时前面讨论的问题跨越过程，跨越之后的内容也会成为跨越前内容的语境，即产品置于事情中，事情置于生活中去理解。语境的目的不是为了针对现有问题进行解决办法的寻找，而是对产品、事情和生活的进一步理解。因此这种不断交互的过程成为理解事物的一种方式，带来对事情新的理解的可能。由此可以看到，弱化问题指向性是延长理解过程，加深对事物理解的方法之一。

其次，在分析阶段，有新意组同学主要通过对话方式进行讨论，在对话中不断透过观点交换和化解分歧的方式，发现平时难以发现的新观点。在讨论中观点不断地得到修正和提升，整个过程表现为一种螺旋式的上升过程。法国哲学家保罗·科利把这种理解事物的过程称为“诠释”的过程[②]。

“诠释”的本意是对某一事物作出“解释”和“理解”的过程。“诠释”英文为“hermeneutic”，从词源学上看，“hermeneutic”可以追溯到古希腊神话，在古希腊神话中赫尔墨斯（Hermes）和伊里斯（Iris）是连接神界与人界的信使，人之所以能够领悟来自上帝的意旨，主要是通过赫尔墨斯和伊里斯对其翻译并解释成人能理解的内容[③]。同时“诠释”也是建立在相当长的圣经释义的历史上，圣经释义来自对圣经文本的解释和理解，在希腊语和希伯来语文本中对此有记载[④]。在设计上，设计师通过设计方式不断尝试人与社会或环境之间某种新的关系构建，这种构建过程实际上也是一种诠释人与社会之间关系的过程，因此，设计的过程在一定程度上可以视为一种诠释的过程。

在设计过程中，诠释表现为一种螺旋式的上升过程。在哲学领域中最早对诠释进行研究的是哲学家汉斯-格奥尔格·伽达默尔（Gadamer-Hans-Georg），他认为诠释的过程是一个环形过程，通过不断循环往复逐渐接近事物本意，这样才能逐渐理解要理解内容的本意。[⑤]法国哲学家保罗·科利（Paul Ricoeur）在伽达默尔的基础上对诠释做了进一步的解释，他认为诠释的过程是一个螺旋式上升过程，上升意味着一种提升和不断升华，不断有新内容产生的过程，至此“诠释”概念已经在先前逐渐接近主体本意式的概念基础上得到了进一步发展。科利指出保证螺旋式上升过程的关键在于批判，只有敢于对现有内容提出质疑才有可能产生新的内容。观点交换和化解分歧的过程本身就包含对已有观点的认识、质疑、再理解几个过程，因此，在诠释的“创意”过程中，质疑和批判也是该过程的关键，质疑可以脱离原有事物的认知视角或认知方式，产生新的认知可能，实现对事物的再理解。讨论是一种与自身之外不断互动的过程，互动的意义在于不断挑战原有认知，进而对事物产生新的理解，伽达默尔和科利指出诠释的过程难免受到来自诠释者自身偏见的影响，因此讨论、观点交换以及化解分歧可以认为是改变自身偏见，脱离已有认知或观念的有效方式。

通过前面分析，可知诠释过程是一个开放和融合不同视域的过程，伽达默尔就“理解”做了进一步解释，

---

① Snodgrass A, Coyne R. Models, Metaphors and the Hermeneutics of Designing. Design Issues, 1992, 9(1):56-74.

② Paul Ricoeur. From text to Action: Essays in Hermeneutics Ⅱ. Evanston: Northwestern University.

③ [著]汉斯—格奥尔格·伽达默尔，[译]洪汉鼎．诠释学I 真理与方法．北京：商务印书馆，2013，i-iii.

④ Tzvetan Todorov. Symbolism and interpretation. NewYork: Cornell University Press,1982,111.

⑤ [著]汉斯—格奥尔格·伽达默尔，[译]洪汉鼎．诠释学Ⅱ真理与方法．北京：商务印书馆，2013.

理解并不是一种充满神秘感的灵魂分享，而是共同参与的活动，也就是说诠释的过程就是要有新的观念融入，不同观点的参与和融入，可以促进对事物更好的理解。

诠释过程的意义在于对问题性的弱化，把问题变为话题，构建了讨论与对话，在讨论中通过不断变换看待事物的视角，实现对事物新的认识，带来各种可能性，它为产品新意义的出现提供了可能和途径。与目标明确的以解决问题为主要任务的设计过程相比，诠释过程的目标性不强，耗时较长，容易让设计师产生急于找到所要设计的具体内容而放弃对所谈内容的理解，在课程回顾性调研和学生课程感想中可以看到，学生在此阶段往往会产生焦躁与不安，这些都会影响产品意义的产生，成为设计过程的障碍，因此了解和掌握该过程对产品设计过程与方法以及设计教学改革有重要的参照意义。在诠释过程中，来自设计者本身的特点，如知识背景、经验以及性格等因素会对最终设计结果产生影响，至于影响程度如何，由于实验条件有限，这部分实验未能在本研究中得到验证。

4.3.3 问题顿悟的“创意”过程

意义获取过程，除了前面探讨的问题跨越和诠释两个过程外，还存在第三个过程，本文把这个过程称之为顿悟，即产生新意义的那一刻。在时间上，顿悟的发生表现为一种突然性，但顿悟发生前常伴随一段准备期，顿悟是静思过程中一种非逻辑的心理加工过程，静思过程需要单独的时间段（图4-5）。

突然性是顿悟过程的特征之一。在对学生设计过程资料的回顾性调研中，可以看到学生用“灵光一现、恍然大悟”等词汇描写产品意义产生的那刻状态。也就是说顿悟是一个临界状态的标记，顿悟发生时常常表现为一种突然性。在格式

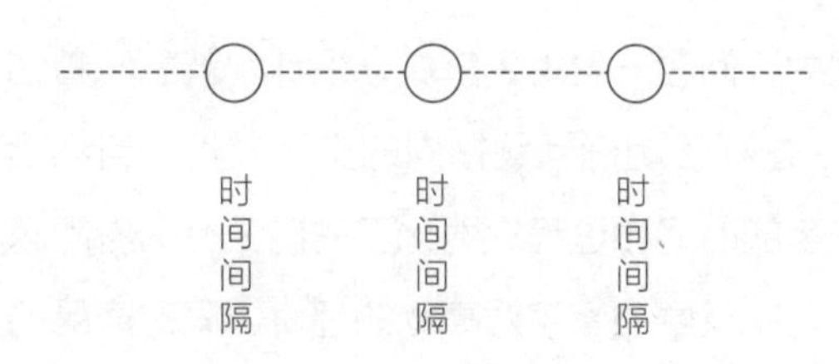

图4-5　顿悟过程

塔心理学中，也承认这个过程的存在，心理学学者迈耶（Mayer）和斯密斯（Smith）用跳跃和短路来形容突然知道如何解决问题的心理过程①，指出这是一个特殊的心理加工过程，它不同于常规的线性信息加工思维。②

“顿悟”虽然是一刹那的事，但“顿悟”需要一个过程，而且是一个自我思考的过程。

顿悟需要一个过程，而且在这个过程中，除了从外界获取知识的过程外，但重要的是自我的内省。因此，顿悟过程不是它与外界不断进行的意见交换过程，它是第一个主动的自我思考过程。

在心理学中，学者汪斯（Wallas）认为在酝酿阶段的搁置这段时间里存在无意识的推理过程，潜意识随机组合过程，还有机会同化，心理表征的突然重构、记忆搜索，类比思维等过程。后来越来越多的心理学研究也证实人类心理本身存在意识之外的东西，也就是说潜意识现象是存在的，在思维过程中，尽管人不能有意识地提取先前记忆中的某些信息，但可以通过非逻辑不连续的潜意识激活先前记忆中的某些信息，这在马散奥（Marcel）阈限下知觉的研究中得到证实③。正是由

① Smith, S.M. Getting into and out of Mental Ruts; ATheory of Fixation, Incubation, and insight.in R.J..Sternberg&J. E. Davidson, The nature of insight.Cambridge: The MIT Press,1995, 328-364.

② 张庆林，肖崇好．顿悟与问题表征的转变[J]. 心理学报，1996(1):30-37.

③ 周治金，陈永明，Chen YM. 灵感及其实质[J]. 心理学探新，2000.1:12-16.

于在酝酿阶段存在无意识的非逻辑思维加工过程，且可以产生有意识和逻辑推理思维所不能获得的结果，因此按照心理学的解释，顿悟过程也是一个无意识的非逻辑的心理加工过程，科学的数据收集、逻辑推理和归纳不能取代该过程。克诺斯（Nigle Cross）在问题域和解决域同步进化试验中也指出，设计方案的产生，并不是发生在客观事实分析与数据归纳阶段，因为不同的受试者得出的数据分析和推理结论基本相同①。在课程调研中，也可以看到直接把前一阶段数据结论作为下一阶段的设计方案，往往不会有新产品意义产生，在学生5和学生16的设计过程中，表现的比较典型。

如果说，顿悟的发生需要条件，那么顿悟发生前的准备期一定是产生顿悟的条件之一。在佛教禅宗中，南宗讲顿悟，北宗讲渐悟，用一生去参透②，鸠摩罗什弟子道生认为只有通过逐步积累学习和修行，即通过积学才能成佛。在心理学中，学者汪斯（Wallas）提出解决问题的思维过程包括准备、酝酿、豁然开朗和验证四个阶段③，在找到问题的解决方案之前，存在一个酝酿过程，也就是说顿悟发生前存在一定时间段的准备期。西蒙认为在解决问题过程中，问题的解决方案突然出现或即将出现前，时常伴随一段时间的失败和挫折感④，这种失败和挫折感也可以认为是顿悟产生前的准备过程。在设计过程中，这种准备期应该是产品意义产生前的分析过程，而这个分析过程在此主要是指第二个过程——诠释过程，可以看到，顿悟不仅需要准备期，也和准备期的内容有关，虽然在没有新意组也有分析过程，但在他们的设计中没有新意义产生。如果从设计过程开始发生分化算起，第一个过程——跨越过程也应包括在准备期内。顿悟是两种状态的分水岭，只有顿悟发生之后，才有质的变化。

另外，本书把沉思和静虑也作为产生顿悟的条件，当然这里的沉思和静虑并不专指外在环境的安静，而是指讨论分析过程的暂时停止期，是一种自我思考的过程。“禅”是梵文“Dhyana”的音译，本意是沉思和静虑，佛家禅宗认为沉思和静虑是修行的方法之一，在修行中，不论是渐悟还是顿悟都是自己“见”自己佛性的过程⑤。在心理学上，解题的思维过程也存在一个酝酿期，这个酝酿期是一个单独的思维过程。也就是说，不论是修行还是酝酿还需要一个独立的时间段，不管这个时间段长与短，一定是需要的。从课程记录中，可以看到新的概念往往在课程休息期后的，下一次讨论的时候提出的，也就是在休息过后或讨论间隔后提出的。学生1的产品意义，是在第五周休息之后的第六周第一次讨论开始的时候提出来的，学生10在第五周课上的第一轮讨论环节休息后提出来的，学生18和22都在第四周静思之后的第五周第一次讨论的时候提出来的。在课程设置上，每周两次课，中间间隔为两天和三天，这三天是课程休息期，这三天不组织关于课题的任何讨论，学生自由安排，一般学生在这段时间查阅一些资料和整理上次讨论的内容。另外课程在一对一的讨论环节中，采用轮流讨论的方式，当别人讨论的时候，其余同学可以自由安排，或思考，或整理讨论过的内容和休息。这也不难看出，课程在时间安排上的设置需要所给予学生静思的时间和空间。当然此现象也在没有新意义产生组中别的同学身上出现过，但最终在他们的设计中，并没有新意义产生，这也说明了，沉思和静虑过程并不能保证顿悟发生，但是顿悟发生需要沉思和静虑。

---

① Kees Dorst, Nigel cross.Creativity in the design process:co-evolution of problem-solution. Design studies. 22(2001),425-437.

② 木心，陈丹青．文学回忆录1989-1994（上）[M]．桂林：广西师范大学出版社，2013,107.

③ 师保国，张庆林．顿悟思维：意识的还是潜意识的[J]．华东师范大学学报（教育科学版），2004, 22(3):50-55.

④ 张庆林．创造性手册．成都：四川教育出版社．2002.

⑤ 冯友兰，中国哲学简史[M]．涂又光译．北京：北京大学出版社，2013，243.

顿悟过程的作用在于分析过后的自我思考，这个过程或许是一种有意识的思考过程，也可能是一种无意识的非逻辑思维加工过程，但顿悟的发生需要以一定的条件为基础，需要顿悟发生的准备期和独立的时间段。

4.4 产品意义描述方法

产品意义不像材料、颜色、造型是产品物理意义上的构成部分，但产品意义又是后续产品功能和造型等设计细化的指南，清晰表述产品意义对于产品后续设计开发十分必要。

4.4.1 基于语境的意义描述

“语境”对事物的理解有一定的帮助。“语境”英文为“Context”，“Context”一词最早来源于拉丁文，是指具有一定关系编制在一起的词。在语言学中，波兰人类学家马林诺斯基（Bronislaw Malinowski）于20世纪30年代把语境分为语言性语境和非语言性语境，语言性语境指在交际过程中某一话语所要表达特定意义所依赖的上下文，即包括书面语中的上下文和口语中的前言后语。非语言性语境是指语言表达时的具体环境，既可以指具体场合也可以指社会环境。[1]

今天，“语境”一词使用不再限定在文本中，它是指和某一事物相关的条件或环境，实际上语境对主体起解释和限定的作用。如图4-6中的左图，如果初次看这幅画，不一定能明白它的用途，甚至也不一定能理解画中的内容，当接着往右边看，右边是一户人家春节期间大门装饰场景照片，根据这张照片可以明白，原来左边的那幅画是一幅门神年画，画中最醒目的人物为尉迟恭，自然对画中人物

图4-6 年画与其使用场景
（左图：一幅木版年画，右图：该年画的使用场景）

面目表情都有了理解，从中可以看到语境对主体的解释作用。再比如对红色的理解，如果是在交通信号系统中的红色，代表的是一种警示，如果在我国传统节日的春节，红色代表的是一种喜庆气氛。实际上，不论是交通系统还是节日都可以认为是红色的语境，它们既对红色做了解释，又对红色起了限定作用。同样，对于产品意义的表达也可以借助其语境进行限定和解释[2]。

产品意义伴随产品的出现而出现。在现实中，人们往往会按照存在论观点认识产品意义，把产品意义作为可以附加到产品身上，或犹如可以放入一个容器中的独立的实体部分，比如我们通常会说“A有意义B”或“A包含意义B”，在现实操作过程中，就会出现通过直观产品展示的方式来实现对产品意义的展示。由于人们在没有接触该产品之前，首先进入人们视野的是产品的外在形式，在认知过程中，人们自然会从符号和语义角度静态地解读产品，因为符号和语义是我们认识世界的一种常用方式，比如像小老鼠一样可爱的汽车，像水果一

① 江怡．语境与意义[J]．科学技术哲学研究，2011, 28(2):8-14.

② 吴雪松，赵江洪．基于语境的非物质文化遗产数字化方法研究[J]．包装工程，2015(10):24-27.

样圆润的洗衣机，像雕塑一样的书架，像皮肤一样轻薄的手表等。尽管人们在认知方式和解读方式上会存在差异，比如在汽车造型认知中，专业人员一般会从体量—型面—图形层级去认知，而普通人会从图形—型面—体量的顺序去认知汽车造型①，仍然还是从造型、语义和风格的角度认识产品。产品的风格可以代表一个时代，记录历史的发展和演变，但是对于一个新的，从来没有过的意义，单纯把造型和风格作为传达产品意义的核心内容，显然并不那么合适。

克里彭朵夫（Krippendorff）认为产品意义属于经验范畴，如同在实验过程中对具体知识和技能的体验②，因此产品意义的展示离不开对产品的使用，通过使用可以感受并理解产品所带来的意义。现代主义设计理论认为，产品意义的传达，并非仅靠产品本身，而是通过产品组成的都市生活所形成③，并传达出来的④。

如图4-7，Fiat Nuovo 500轿车与其生活情景图，如果只看图中A部分单纯汽车展示是很难理解产品意义的，而通过产品所构建的生活B部分，是容易理解产品所带来的产品意义，汽车由有钱人的玩具变成中产阶级的工具，也开启了第二次世界大战后人们的新生活，周末可以载着家人到郊外野餐和游玩。那么究竟这里的体验和生活具体又指的是什么呢？马克思从存在论层面对物进行了解释，他把物的存在解释为对它物的关系是物存在的必要条件，也就是说物的存在本质上是一种关系的存在。因此，前面所说的不论是体验，还是生活，可以理解为是产品和其语境中其他要素之间的一种关系，这种关系可能有时间、地点、位置、所属和事件等某种关系，这些关系既是对主体对象的限定，也是对主体对象的解释。而这种关系的构建可以实现对一个事件或一个思想的表述和展示。比如Nike公司，在首页网站的Banner图中使用了带有产品语境的图，通过产品和其要素关系构建，传

图4-7　Fiat Nuovo 500轿车与其生活情景

① Catalano C E, Giannini F, Monti M,etc. A framework for the automatic semantic annotation of car aesthetics[J]. AI EDAM, 2007, Vol. 21(01): 73-90.

② Krippendorff K, Butter R. Semantics: Meanings and Contexts of Artifacts. Product Experience, 2007.

③ 高云涌．马克思辩证法:一种关系间性的思维方式[J]．天津社会科学，2008(3).

④ 王受之．世界现代设计史论[M]．北京：中国青年出版社，2015. 291-292.

达一种运动精神，唤醒人们对于运动的热爱（图4-8）。同样宝马公司，通过带有驾车的情境图，展示了人和产品以及环境之间的关系，激发人们对于自由的向往（图4-9）。还有意大利摩托车比亚乔（Piaggio）公司，在它不同时期新产品海报宣传图中，同样使用了产品和其语境要素之间关系的构建，实现了对一个事件和思想主题的传达（图4-10）。

语境是一种关系性的思维方式，语境的引入是一种关系的引入，通过这种关系的呈现可以对主体起限定和解释的作用，帮助人们更好地理解主体，意义与语境模型见图4-11。因此，在意义展示中，把产品与语境联系起来，也是为了展示产品同其语境之间各要素之间的关系，真实反映产品和人之间的关系，进而解释产品所带来的意义。而产品所涉及的人、事、物、环境以及产品使用过程本身都可以看作是产品意义的语境，他们共同起限定和解释产品意义的功能，确保产品意义能够被准确地表达和被理解。在新产品开发过程中，不论设计师是对内面向研发团队用于项目交流，

图4-8 耐克产品宣传
（源于www.nike.com）

图4-9 宝马汽车产品宣传
（源于www.BMW.com）

图4-10 VESPA摩托车

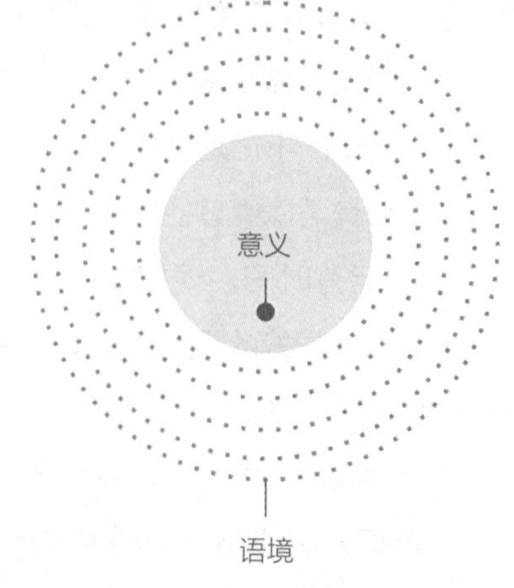

图4-11 意义与语境

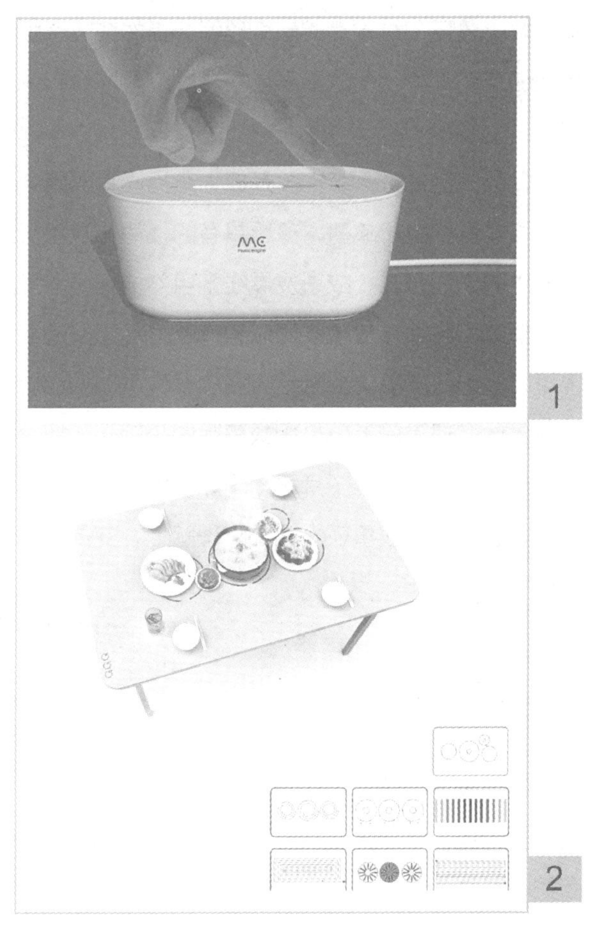

图4-12 学生产品设计展示图
（1. 为数字音响产品设计，2. 为可保温的餐桌垫设计）

还是对外面向市场和消费者用于产品推广，都离不开对产品意义的准确表达和传达。但是，并不是随意构建的关系就可以实现对产品意义的表达。如在图4-12的展示中，同样有产品和人以及使用情景，但不能读出产品所带来的新意义，更多是一种对产品的展示。

4.4.2 语境构建

通过前面对语境的分析，语境可以理解为一种关系，而这种关系既是对主体内容的一种限定，也是对主体内容的一种解释。因此，解释的内容或想要表达的思想和这种关系以哪种方式构建有关，也就是说，各要素之间的关系类型会影响，甚至决定所要表述的内容。在内容的体现上，产品意义的表达和平面设计在某种程度上有一定的相似性，平面设计就是通过平面元素的调动，实现对某种信息的构建，进而把所构建的信息传达出去。但产品意义的表达不是一幅简单的平面设计，产品意义的表达离不开产品本身，以及对产品的使用，而使用是人和产品发生关系的一种方式。在产品信息层中（图2-11），底层信息是关于产品物理属性的信息，上层是产品带给人的思想或观念，而这种思想和观念是通过产品构建的事件所体现的，因此在产品意义语境中，这种关系可以被认为是一种事件关系，也就说，是事件把产品和其语境各要素串在了一起，产生了相互关系。

对于新的产品而言，这个事件是一件未曾发生过的，想象中的事件，因此情景和情景故事法对这类虚拟事件的表述有很好的参照意义。情景研究主要集中在体验设计研究领域，设计师希望通过用户情境模拟构建，获得和用户相同或相近的体验，关注用户在使用产品过程中的具体使用细节，从而更好地优化设计①。情境故事法通过一个想象的故事，包括使用背景、环境状况和物品功能，模拟产品为人提供服务的情境，有助于设计师了解目标用户（群）、产品使用情境、产品使用方式和时间等。故事的好处在于，故事有自己的发展线索，而这种线索可以把不同内容和过程有机的编织在一起，这也使得故事有极强的叙事性，在叙事中可以完整呈现一件事情，反映一个主题或某种主张②。因此，对于产品意义而言，可以借用讲故事的方式，完整表达在未来生活中，新产品是如何改变我们的生活以及人们对于生活的态度。产品意义可以看作是设计师对未来生活的诠释，因此读者可以通过读故事，体会到设计师的设计主

① Liz Sanders, Pieter Jan Stappers. Convivial Toolbox: Generative Research for the Front end of design. Amsterdam: BIS Publishers 2013. 30.

② 吴雪松，何人可．诠释新产品概念的设计方法研究[J]．包装工程，2010(18):34-37.

张以及产品意义。

在具体表达上，可以通过图形或图像的方式进行表现。现在是一个读图的时代，图像可以使人们更直观和快速看到事物的全局，而且一些无法言传的感觉也可以通过图形或图像实现。人类采用标记和符号远比书写文字更早，远古的书写文字，如埃及象形文字是从图画演变而成高度专门化的符号。数字与图形结合使用，以几何学为代表，这也使得思考过程和对抽象事物表达成为可能。人想把一件事情、概念、情感等传达给对方时语言是最直接的一项工具，但语言未必是万能的，还必须透过其他肢体及音调、表情等方式作传达，同时人在接受大量信息时未必能及时了解。对于较为抽象的事物或感性的事物则无法快速理解及进入状态，而通过视觉图像的方式不管是单一对象或一串对象都可通过图像来做清晰表达，可视化方式又是人类撷取信息的一项天生能力，快速且精确[①]，因此借用图像方式讲解故事也可以成为表述产品意义的有效方式之一。

在故事的分解上，可以采用“故事版”的方式。“故事版”主要应用于电影和广告业中，原意是指筹划电影拍摄过程的记事板，在具体影片拍摄之前，以图文方式标示和说明影片的构成，将连续画面分解为单独运镜的画面。因此故事版也可看作“可视剧本”，让影片拍摄人员以及演员在镜头开拍前，对影片画面建立起统一的视觉概念。面对比较复杂、难以用语言解释清楚的拍摄场景，故事版可以很轻松地在整个剧组建立起清晰的拍摄概念或提前发现潜在的问题。故事版法是一视觉化过程，将完整的故事分解成一幅幅画面或关键的片段，按时间或故事情节顺序串联起来。它的作用在于分解，把一件看似不可拆分的事情分解成若干片段，这些片段又通过故事情节产生逻辑上的联系。这种分解方式可以使得故事在呈现方式上更容易，同时也关照了在阅读上的易读性和故事的完整性，不至于跨度太大，忽略了对故事的最终理解。当然在故事版上适当添加文字，可以在故事表述中发挥必要解释和说明作用[②]。

基于以上内容分析，事件关系成为产品同其语境中各要素之间关系，由于故事本身所具有的优势，故事可以作为事件的陈述方式，故事发展线索自然成为产品意义表述的框架和线索。故事既可以看作是产品意义的载体，也可以看作是产品将会带给人类的某种可能性和应该性。在具体实现手段上，借用故事版的分解性，把一个完整的故事拆分成若干个片段，同时使用图形化方式进行表达，这样使得故事在呈现上和理解上，变得更直观和容易（图4-13）。

4.4.3 语境技术

在技术手段上，有手绘和数字技术手段两种，由于两者的各自特点，在具体实现上，可以根据不同阶段选取不同的手段作为意义表达的手段。

在产品意义表达时，同样存在构思和推敲过程。手绘是一种和人的思维结合最紧密的方式，非常灵活。手绘的过程也可以视为思考的过程，是从纸面经过眼睛到大脑，然后返回纸面的信息循环，经过若干轮循环，可以使原本不清晰的思路变得条理化和清晰化。其实这和手绘所具有的特性有关，手绘既可以进行再现现实的事物，也可以去掉无关的内容，抽象归纳出事物的本质，使得原本纠缠不清的东西变得直观明了，从而辅助了手绘者对事物更深层次的思考，手绘可以辅助人的思考。同时在手绘中，有许多图解语言可以使用，如图符号、数字和词汇以及图形等。更有意义的是，图解语言不同于文字语言，文字语言是连续的，有开端、中段和结

---

① 保罗·拉索译．图解思考—建筑表现技法（第三版）[M]．邱贤丰，刘宇光，郭建青译．北京：中国建筑工业出版社，8-12.

② Corrie V D L. The value of storyboards in the product design process. Personal & Ubiquitous Computing, 2006, 10 (2) :159-162.

图4-13 情景故事图
（A未来住房模式设计 B传统老字号—米粉饮食方式设计 C开车族早餐去哪儿吃设计）

尾，而图解语言是同时的[1]。这些都使得手绘方式可以作为初期构思过程的一种思维推敲手段。

随着数字多媒体技术的发展，数字技术逐渐可以把声音、图像和影像信息融为一体，使得数字技术对真实生活的模拟和虚拟成为可能。数据采集设备和软件也越来越先进和完善，如一些声音采集、视频采集设备以及三维数字建模软件，也为模拟真实生活提供了丰富的素材来源渠道。在视频编辑软件中，通过图层、帧、关键帧以及时间轴（线）等功能，可以把独立的画面连接起来，产生画面和故事情节的连续性和整体性。比如After Effects是一款视频编辑软件（简称AE），它融合了许多软件成功之处，将视频编辑处理提升到了新的高度[2]。当然还有其他一些软件比如Imovie、Toon boom storyboard软件等。数字编辑软件还可以产生一些新的视觉效果，比如一些光效、画面和场景切换等，使得故事表现更逼真，所要传达的内容更突出。

手绘表达和数字技术应用相比，各有各的特点，手绘灵活自由，数字技术逼真直观，手绘过程也是构思的过程，手绘内容可以成为后期数字技术表现的基础。基于两者不同特点，可以在产品开发过程的不同阶段灵活使用，在研发初期和内部团队或自我交流时，可以使用手绘表达方式。后期产品发布或对外向非专业人展示时可以使用数字手段。另外两者综合使用也是不错的选择，也可使用数位板直接手绘表现，将手绘的内容与图片景象、人物以及感官体验等抽象元素混合制成影片，充分展示产品在未来生活中使用情境。由于制作相对复杂些，往往会花费大量精力追求技术上的完美，获得视觉上的效果，而忽略了内容本身。产品意义描述，关注重点在于产品所带来的新生活，因此产品本身以及产品造型此时并不需要完整表现，甚至可以用一个虚拟的二维图形来代替，只要能讲明事情即可（图4-14）。

A

B

C

图4-14 故事情景数字化表达
（A数字家庭设计截屏 B儿童课外课堂截屏 C数字家庭设计截屏）

① 赵江洪. 设计心理学[M]. 北京：北京理工大学出版社. 98-99.

② 应杰，许小荣. After Effects CS3完全自学教程[M]. 北京：机械工业出版社. 2009,5.

小结

本章以具体的设计实践为研究素材，采用对比分析方法、回顾性调研法和文献查阅法对课程设计实践的设计结果和设计过程进行了分析，得出在以解决问题为企图的产品设计过程，存在着对产品意义探讨的现象，而这种现象的发生不同于以往的产品开发，它不是一种技术式的设计过程，也不是简单式满足需求的过程，而是一种探寻事物可能性的过程，也是探寻事物应该是什么样的过程。意义获取过程经历了设计问题跨越、诠释讨论和顿悟三个阶段。而在后期产品意义描述过程中，借用了语言学中语境概念，构建了意义描述方法模型，产品意义描述需与相应的语境相结合，只有在语境中才能更好地呈现产品带来的意义。

1）产品意义它关心的是超越物理层面的东西，而来自物理层面的问题容易被人们观察到，常常会激起人们改变它的欲望，也就是说从关于具象物的问题到超越物理层面产品意义的讨论，需要一个过程，这个过程本书把它称为“问题跨越”阶段，这种跨越常以“为什么”为标记，通过“为什么”的提问方式开启了对“设计问题”更深层次的追问。这种跨越是一种从关于“物”的问题到“人和事”问题的跨越，物的问题属于技术层面的问题，人和事的问题属于哲学层面的问题。

2）产品的背后通常存在需要借助该产品来完成的一件事情，对于事情把握的过程就是对产品意义提炼的过程，“诠释”过程可以看作是深入理解事物的过程，诠释过程不是一个独立思考的过程，是在多人参与下通过讨论的方式，实现对已有认知方式的不断修正，从而达到对事物的重新理解。诠释过程不同于问题解决过程，诠释过程不存在明确的问题指向性，反而这样更有利于看问题视角的多元化。诠释过程也不是一个逻辑推理过程，在该过程中重个人主观理解性以及敏锐的洞察力，之所以注重主观性，因为主观性有深入实际和改造客观的一面。诠释过程是一个螺旋式上升过程，上升意味着一种提升。

3）在产品意义获取过程中，除了跨越和诠释两个过程之外，还包含另外一个过程，本书把新意义产生的那一刻状态称之为顿悟。顿悟在时间上表现为一种突然性，是指经过一段时间的苦苦思索之后突然明白了其中的道理。顿悟重自我内省，也就是说在产品意义产生之前，尽管有诠释过程和从外界获取知识的过程，但离不开自我的思考过程，自省过程重自我理解，听从自己内心的过程。另外顿悟过程还包含时间概念，需要时间上的间隔，也就是说顿悟过程需要经过长短不一的时间段来沉思和静虑。

4）通过前面章节对产品意义的研究，可知产品意义不等于产品，产品意义是通过产品带给人一种做事的方式，一种看待事物的视角，甚至构建了一种人与外界的关系，产品意义的描述不是单纯的产品展示，也不是产品功能细节的展示，不能直接用产品描述来代替产品意义的描述。在此提出了语境构建或还原语境法，在语境中认知产品带给人类的变化——产品意义。为了内容的连贯性和完整性以及阅读的易读性，具体方法采用以故事情境为线索，通过图文方式展示产品与人之间的关系以及产品带来的生活变化。

第5章

意义导向的产品设计方法论（理论）

5.1 概述

从1851年第一届世界博览会算起，现代设计已经走过了160多年，形成庞大的设计方法框架体系。然而，意义导向作为一种产品设计的方法论，一种达到设计目标的途径，具有重要的理论和实践价值。

本章从设计思想、设计流程、设计方法以及设计角色再定位几个方面进行了方法上的探讨，希望能从更高的视角对产品设计有所思考。

本章研究试图提出意义导向的产品设计方法论。所谓方法论就是关于方法的方法，是设计方法遵循的指导思想，是对设计的诠释，是设计过程与方法提纲挈领性的描述。产品意义，即产品对人的意义，也可以理解为人类造物的目的，是对人与社会之间关系的描述。因此，以意义为导向的产品设计方法论，目的在于更好、更准确地反映产品设计本质的一面，研究途径是通过产品意义的获取和表达。

设计究竟怎么样？设计对人类意味着什么？在设计过程中，不同的设计观点和设计主张又是怎样影响设计实践和设计结果？这些都是本书要研究的命题，也是设计方法论问题。

5.2 意义导向的设计策略与思想

5.2.1 局部的真实性与整体的真实性

在日常生活中我们往往会被局部的真实性所欺骗，一件事情看似每个环节都是正确的，但结局并非如我们所期望的，也就是说局部的真实性未必能代表整体的真实性。产品意义的提出，就是出于从整体性上考量产品和人之间的关系，确保产品造型和功能的真实性，以及设计的真实性。在早期，人类造物活动和生活息息相关，如制造工具为了防御、捕猎、储藏食物、居住等，也就说产品的存在对于人而言有一定的目的性，这种目的性今天看来只是为了生存，但它可以被视作为不断改善人类自身的生存方式。随着社会不断发展，设计这种目的性的实现往往会被局部的真实性所迷惑，导向到其他的方向，延缓了人类对美好生活的追求，甚至带来资源的浪费，社会的混乱等许许多多负面的效应。可见明确局部的真实性与整体的真实性具有现实的意义。

作为具有物理属性的物，除了它有符合科学规律完整的结构外，我们常常还会把物分为功能和外在形式两个部分，老子曾用有和无概念来解释二者之间的关系，三十辐共一毂，当其无，有车之用。埏埴以为器，当其无，有器之用。凿户牖以为室，当其无，有室之用。故有之以为利，无之以为用[①]。外在的东西，它是显性的，容易被观察并得到关注，正是这个原因，一件产品的形式往往会得到关注，而对功能的思考常被忽略。只从形式上思考设计，必然造成对局部真实的追求而忽略对整体真实的追求。在第2章对设计发展简要分析中，可以看到欧洲工业革命前18~19世纪，属于皇权时代设计，设计更多是一种从形式上对物进行装饰，最后产品已经超越使用变成一种用来鉴赏的饰品，设计也就缺失了对生活的积极探索，走向奢靡。

工业革命的初期，伴随新富阶层诞生，一些具有新功能的产品类型相继出现，比如机车、自行车、打字机、电话机、录音机、洗衣机和缝纫机等，尽管这些产品在外形上表现的与功能格格不入，甚至粗糙丑陋，但

① 老子．中华国学经典精粹·诸子经典必读本：道德经[M]．北京联合出版公司．2015,10.

实际上并没有影响设计从功能角度对新生活的探索，可见功能与形式相比，功能是探讨未来生活可能性的关键要素，缺少了它，形式自然也就变得空洞，如图5-1中1所指的部分。

另外，由于产品是为了人使用，设计除了按照功能形式理解外，设计还可以从处理物和人之间关系的角度去理解，产品之所以能为人提供服务，原因在于它的两个特性：有用性和可用性。有用性表明产品具有某一属性，人通过这一属性的实现，满足了人的某一需求。其次，就是可用性，即可使用和能操作，否则人没法通过使用产品，体现产品对人的有用性。有时也把两者视为产品功能的两个方面，功能也可以进一步解释为有用性和可用性。在此两者也是一对易混淆的内容，随着20世纪60年代电子产品出现，产品的易用性变得越来越不好，甚至实现简单的操作都变得十分困难。今天数字产品的出现，易用性变得对产品十分重要，甚至成为衡量一个产品好坏的标准。从设计的本质来看，尽管可用性很重要，但可用性不是一个产品的全部，如果没有了有用性，可用性就如同没了“功能”的“形式”，因此不能因为易用性重要而忽略了对产品有用性的探讨，影响设计的真正目的，对人类美好生活的探索。这样往往会再一次造成，以局部的真实性代替整体真实性的可能，如图5.1中2所指的部分。

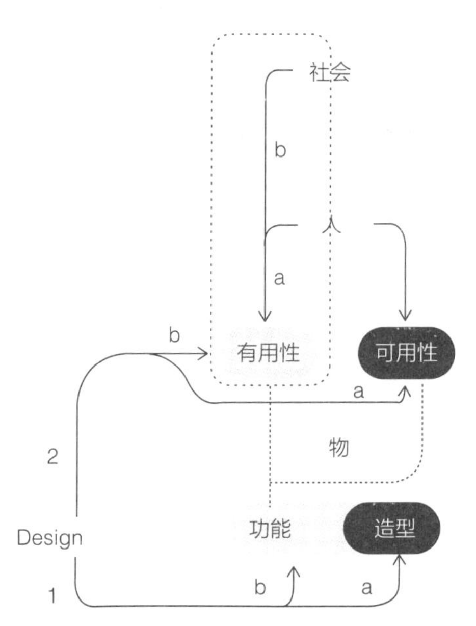

图5-1　设计的局部与整体图

产品的有用性和可用性都是紧紧围绕人进行的探讨，在有用性这个方面，又有使人产生迷惑的地方，错误地以局部的真实性代替整体的真实性。关于设计服务于人，现代主义设计运动把设计首次推向了一个高度，对设计做了进一步的诠释，指出设计不应该只为少数人服务，应该为社会大众服务，设计对于整个人类来说都是基本必需的，只有服务更多的人，才能体现设计对于人类生存与发展的意义。柯布西耶提出的走向新建筑，是最能体现该观念的思想。通过对设计中“人”的概念修正，设计作为生命之基本得到了更为真实的理解。关于人的需求，在第2章也做了分析，马斯洛从人自身角度按照需求层次对需求做了解释，人的需求是逐层升级的。奴廷从人和外界关系的角度对需求做了分析，人和外界构成了一种互动。可以看出，人的需求来自自身，但人又是处于社会这个大环境中，如果单纯从人自身角度看需求，需求就会走向一种带有强烈的个人主义倾向的欲求，帕帕奈克说要为“需求”设计，而不是“欲求”设计，如果欲求得不到合理控制，就会走向物欲横流、炫耀消费的虚假世界。所以说如果单纯从人自身考虑有用性，就会出现生理意义上的人代替社会意义上的人，以局部的真实性代替整体的真实性。

如5-1图中所示，不能以形式（a）代替功能（b），不能以可用性（a）代替有用性（b），不能用生理意义上的人（a）代替社会意义上的人（b），否则设计就会走向不是设计本意的方向，因此产品意义的提出在于不断给人以提醒，确保设计的真实性。

5.2.2　设计是一个“模糊化”的过程

基于前面对产品意义的解释，产品意义是关于人的，是指面向人类未来生活的各种可能性和应该性。在探寻未来生活的过程中，人类多多少少会受到来自已有文化和方式的影响，甚至会阻碍对新的、可能的方式或方法的探寻。因此，这里的可能性，实际上还包含与过去的、传统的和现有的生活方式和思维模式的“脱离”含义。日本设计师原研哉（Kenya Hara）认为，理解一个东西并不是为了描述和定义它，而是要把熟悉的东西拿过来变得未知，并激起我们对其真实性的新鲜感，从而深化对它的理解[①]。因此，设计过程可以看作是一个对已有事物、已有理解的模糊化过程。

通过第4章对产品意义获取过程分析与探讨，可以看到在新产品意义探讨过程中存在一个跨越的过程，是从“设计问题”到“研究问题”的跨越，而这个过程恰恰激发了设计师对已有方式或方法的质疑与脱离。“设计问题”是一些很明确的关于物的问题，通常这些问题是可以观察到的，同时通过观察，引发问题的原因同样也容易找到。相比“设计问题”“研究问题”是一些比较抽象的，关于人和事的问题，涉及思想和观念，属于认知范畴，对研究问题的探讨，实际上是从认知层面对事物的探讨。针对具体设计问题进行的解决方案寻找过程是一个目标非常明确的过程，抛掉对设计问题的方案寻找，转向到研究问题的探讨，加上研究问题本身就比较抽象，这样致使设计目标变得非常不明确，设计过程也就从清晰状态进入了不清晰状态，在此本书把这个过程称之为模糊化过程。正是因为模糊化过程的出现，使得只是为了解决具体物的一个设计过程，最后触及到对更高层面问题的探讨，进而产生对已有认知方式、生活方式和思维方式的质疑与脱离，为新的产品意义出现提供了可能。

今天，产品设计与消费者（用户）、企业和设计师息息相关，产品作为中介，把三者紧密关联在一起，产品也因此是三者共同作用的结果。首先消费者是产品的使用者，也是意义的直接感受者，他们的需求自然成为设计过程所关注的内容。另外，企业是消费者产品的提供者，产品设计过程自然也会受到来自企业做事流程以及设计师设计方式的影响。通过前面几章分别从产品本身、设计行为和设计实践三方面对产品意义分析，可以看到用户、企业做事方式以及设计过程各自都有自身的特点，这些都会对设计的模糊化过程产生影响（图5-2）。

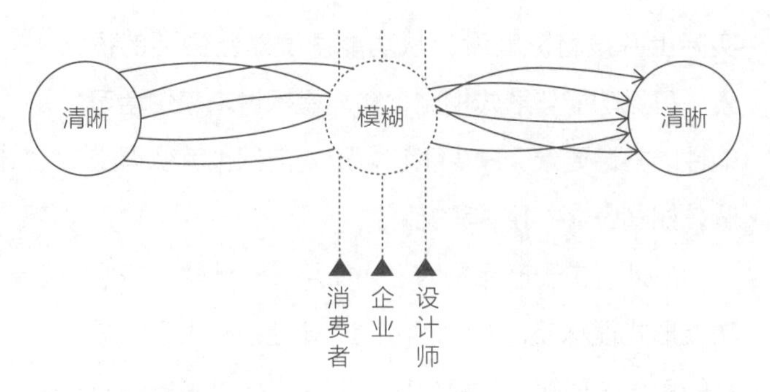

图5-2　设计的模糊化过程

20世纪现代主义设计教育学校包豪斯提出，设计的目的是人而不是产品，人成为设计活动关注的焦点，以用户为中心并满足用户需求，成为产品设计的目标和准则。通过调研获取用户需求是产品开发者所希望的，因为用户需要什么，提供者提供什么这是最自然的过程，可是情况并非如此。在第2章对用户需求分析中，可以知道人的需求是在新产品出现之前，已经存在了，人的需求来源于人自身，在具体需求上，人是主动的，不是对外界刺激的回应或一种条件反射，人的需求常常外化为一种心理反应或产生某种行为的一种驱动力。在本书试验中可以看到，对于消费者而言，人的确能感受到来自自身的需求，但是对如何满足这种需求并不清楚，表现为消费者对具体方法的未知性和模糊性，因此通过消费者调研直接获得具体产品意义是非常困难的。用户的模糊性增加了设计的模糊化程度，从而也促进了设计对未来生活可能性的探讨，反之就会阻碍和限制对未来生活可能性的探讨，自然限制了设计的模糊化过程。

① 原研哉．设计中的设计[M]．朱锷译．南宁：广西师范大学出版社，2010,15.

其次，在产品设计过程中，意义依附于产品，新产品开发常常以任务的形式被执行。任务是指为了实现一个目标所必须完成的动作，是期望达到预想的目标、结果和要求的系列行为。任务包含预期的目标、要求和为了实现目标所开展的一系列行为，另外任务还包含任务的下达方和任务的接收方，在实际产品开发活动中，企业管理层是任务的下达方，而接收方就是研发部门或设计师。在法律范畴中，任务的委托方和接收方通常会通过合同或协议的形式明确和标定任务内容、任务完成时间以及报酬，合同一旦签署，双方受法律保护，合同具有法律约束力，尽管在公司内部不会以合同的形式把任务下达给设计师，但明确的任务目标、要求和完成时间成为后期考核与验收的标准，因此任务的明确性是双方发生关系的前提，尤其在法律范畴中。在第3章中通过关于合作模式与产品意义研究分析，可知在三类合作模式中，技术型合作类型的任务最清晰，往往最后设计的成果在意料之中，这类合作通常不会对产品的意义带来大的改变，更多是对现有产品意义的延续。共同构建型任务最不清晰，反而最后设计的结果跨度最大，有新的意义产生，专家型处于两者之间。尽管任务的明确性是促成双方合作意愿达成和任务顺利开展的有利条件，但它极大地制约了新意义产生，模糊和不清楚反而是探讨产品新意义的开始。

从以上三方面可以看到，产品设计的过程是一个模糊化的过程，尽管看似模糊是一个远离目标的状态，比如不清楚、迷茫、找不到方向等，但是模糊可以脱离已有状态，模糊可以对事物进行再认识，正因为模糊才有新内容产生的可能，因此模糊化是产品设计过程中获取产品意义的关键环节。用户对需求的模糊性为设计探讨新的未来生活提供了基础，所以正确认识用户需求，调整设计策略非常关键，同样急于把设计目标明确化的企业工作流程与方式也会对产品意义探讨产生限制。

5.3 意义导向的产品设计流程

5.3.1 宏观的设计过程

随着社会分工和为了获得更高的生产效率，企业作为专业的协作组织逐渐代替了个人和家庭的作业方式，成为向市场提供产品的提供者。经济学家认为市场是资源的主要分配机制，通过市场方式实现资源的合理分配和社会不断发展。这也意味着产品设计由此纳入到商业行为的语境中，企业间产品开发存在相互竞争，由此，企业在产品开发中存在策略的选择问题。

通过前面章节对产品意义的探讨，对于人而言，产品意义在于提供了让事情得以顺利完成的一种方法，通过这种方法人类可以实现一切可能的目标，做一切可能的事，也就是说产品带给人类面向未来生活的各种可能性，同时还包含看待世界的一种态度和价值观，这也是面向未来生活，产品带给人类的意义，这些都会成为消费者选择产品的真正理由。

产品使用性与产品功能密切相关，因为产品最终表现是否完美取决于产品技术的高低，这时候企业最容易忽略产品意义而忙于技术改进与研发，自然会阻碍企业产品创新。当然技术革新也会带来人们观念的变化，从而改变做事方法，最终带来了产品意义的变化，但以意义改变为导向的技术革新和意义不变只改变技术的做法是不同的。对于我国企业而言，早期大多数产品都是舶来品，再加上国内企业特殊的发展历程，容易忽略对产品意义的思考。在设计认识上，也就忽略设计对未来生活的诠释与引领作用的一面。另外，由于成本是经济学理论中影响性价比的因素之一，当其余因素不变，成本越低，性价比自然就会越高，但这也并不足以构成消费者真正选择产品的理由，因此单纯以技术和成本为导向的产品设计过程并不能构成对产品意义的探讨。

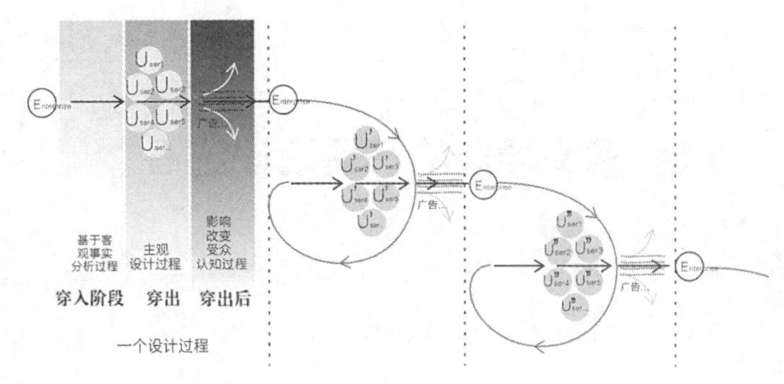

图5-3 宏观的设计过程模型图

关于用户需求在第2章中有分析，用户能感受到自身的需求，但用户对需求存在模糊性，因此产品对于用户而言，满足生活需求和引领是两个不同的过程，“满足”言外之意就是要什么给什么，而“引领”意味着从未知走向清晰，一方需要另一方的启发或指引，因此基于前面对产品意义的解析，构建了在意义导向下，包含改变用户认知的产品设计流程与方法，产品设计流程分为穿入、穿出和穿出后三个阶段，设计过程见图5-3。

1. 穿入过程

穿入过程是一个以客观事实为依据，建立在客观现实基础上的分析过程。设计源于生活，不是凌驾于生活之上的空想，如果按照设计源于问题来理解设计，那么这个问题一定是来源于生活，在第4章设计实践中，可以看到所有课题都是现实中比较具体的问题。因为人生活在现实环境中，通过自己行为与环境构成互动关系。当社会、经济和技术等外界环境发生改变时，人就会改变自己的行为，调整与环境构成的互动关系。凯根和沃格指出，分析社会趋势、经济动力和先进技术等因素变化，是识别产品机会缺口的有效方法，因此设计不是拍脑袋或通过头脑风暴凭借一时灵感所能完成的。柯若斯在他的《设计研究》论文中指出，对于客观事实分析与问题归纳，不同的受试者得出的结论基本相同，因此新的产品意义建立在对客观事实分析的基础上，但不会直接来源于此。

2. 穿出过程

穿出过程为主观设计过程，也是意义获取的过程。在前面章节中把这个过程细化为跨越、诠释和顿悟几个环节，但这个过程与以往设计过程最大的区别在于其主观性。人们有时把主观性看成一种贬义词，认为主观就是脱离实际，对客观的否定和背离，其实主观性不只具有脱离实际、违背客观的一面，还有深入实际、改造客观的一面，人正是由于主观性这一属性才能成为具有创造性的主体，因此产品意义的寻找不是经过逻辑推理后所能获得的，也不是对客观存在意义的简单寻找，而是设计师或企业凭借自己的文化，基于客观事实分析后的主观活动，即给出对于事物看法以及事情如何开展的方法，这也是欧美企业更加注重设计师经验、直觉、创造力以及对生活的感悟在设计中作用的原因。看似严谨细致的调研方法，不能代替设计师对社会敏锐的洞察力。在此阶段，企业习惯性地去寻找类似做法以效仿，往往丢失了赋予产品意义的机会。

3. 穿出后过程

这一过程可以认为是改变用户认知的过程。用户对于一件事情如何开展存在模糊性，而企业正是通过设计告诉用户，那么又是如何让用户接受提出来的方法呢？首先设计是基于客观事实分析，然后通过改变用户认知，使用户接受提出的设计，根据行为科学理论，在人的行为中认知起着至关重要的作用，要改变人的行为，首先就要改变人的认知。对于人而言，产品意义在于提供了一件事情得以完成的方法，而这种方法是融于产品之中，不是产品的一个独立的组成部分，也就是说只有通过对产品的真实使用才能感受到产品意义。在第4章对产品意义描述中，引入了语境概念，语境作用在于限定和解释，目的就是为了易于理解，理解得更为准确，不产生偏差。而产品意义描述以及产品意义展示是企业对外信息传播的途径之一，可以通过产品意义的展示让受众充分了解产品所带来的观点和思想，进而影响和改变用户的认知，最终接受它。因此在过程中，不仅要告诉人们产品是什么，更为重要的是对产品意义的展示，因此还原语境式的产品展示是理解产品意义的较好途径，也是产品意义自我说明的最好方法，否则产品也就失去了从意义层面对用户的引导。

5.3.2 微观的设计过程

设计的目的在于探讨人和社会的关系，探讨未来人类生存的方式。其不仅仅是为了具体解决某一问题，更为重要的是探讨人和社会关系的各种可能性，在这探讨过程中，既包含构想新的，也包含和已有方式方法的“脱离”。因此从微观来看，设计过程不仅可以看作是脱离已有意义的过程，也是重新审视并诠释事物产生新意义的过程。意义的导入既是一种思想，也是一种方法，其目的在于保证设计的真实性，设计出更适合人类生存的方式，避免向已有的、不合适的方向走得更远，从而也发挥设计的真正作用。最后设计的过程还包括顿悟和意义描述两个部分。

1. 设计源于问题

设计无处不在，设计渗透于我们生活的方方面面中，设计表现为对一个事物或一个系统制定的计划或规划。这种计划或规划，西蒙认为是一种为了改变现有境况所进行的活动，帕帕奈克认为是为了达成有意义的秩序而进行的努力，同时设计属于一种创新性活动，柯若斯（Cross）认为这种创新表现为问题和解决方案之间的桥接，也就是说设计是围绕问题进行的系列活动。这样看来，不论是计划，还是规划或是有意义的秩序，实际上都是为了改变现有境况，对境况的改变最直接的起因就是对现状的不满，如混乱、矛盾和不协调等，常常表现为一种问题，问题预示着设计活动的开始，从第4章的设计实践中可以看出，问题来源于生活，且可以被观察到，每个学生都能顺利找到要讨论的问题，因此设计不是漫无目的遐想或幻想，而是一种源于问题的活动。

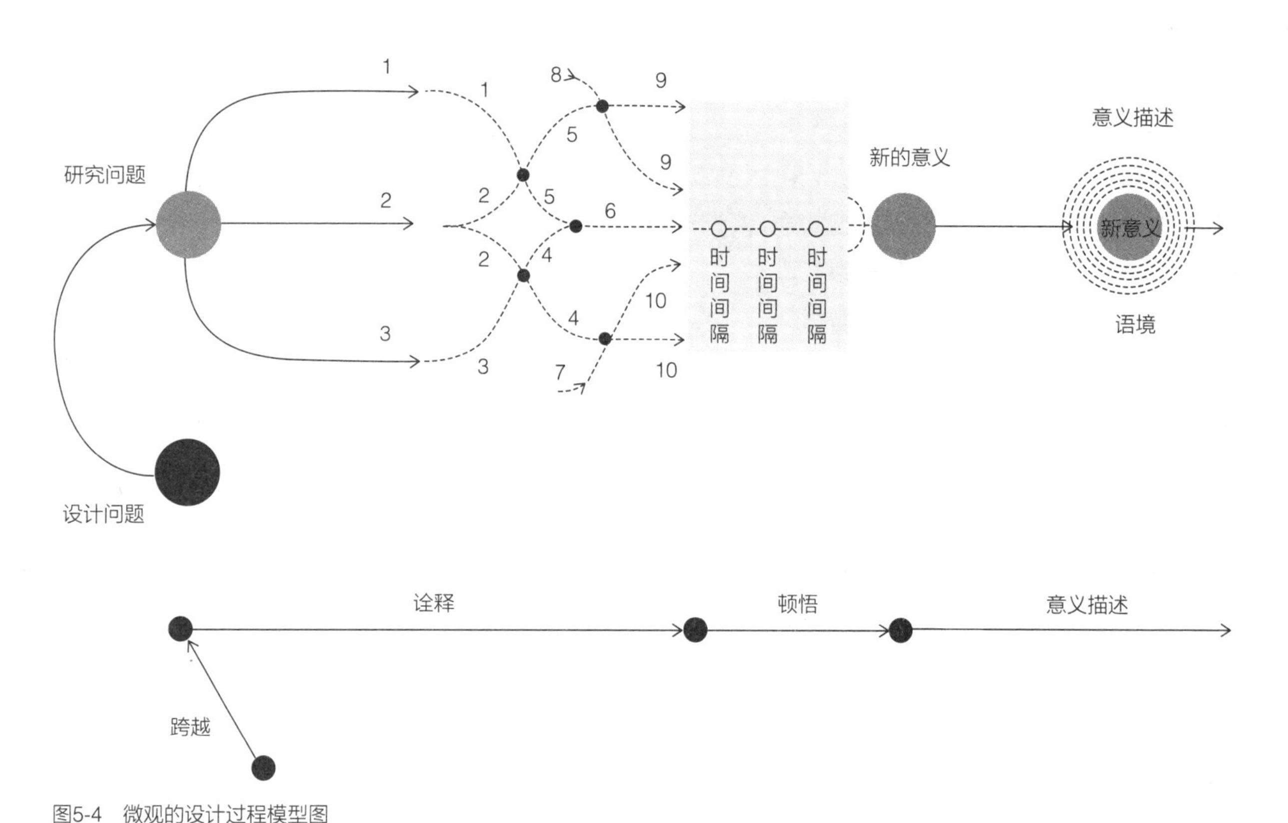

图5-4　微观的设计过程模型图
（在诠释阶段：不同数字序号代表一种看问题的视角或观点，线与线相交的节点代表思维交换与讨论，随着不同观点的加入与交换，诠释过程得到了进一步发展）

2. 问题跨越

从设计问题到研究问题的跨越。这种跨越是从有关具体物的问题到涉及这个问题事情的跨越，是一种从物到事和人的跨越，产生跨越的触点常常以“为什么”为触点，“为什么”对问题更深层次的探究，也是对看待问题视角的重新审视和质疑，因为问题不仅代表症结所在，还代表了一种看待问题的视角。这种跨越是抛开现有看待问题的视角，迈向更高一层，寻求新视角的过程，一种视角代表一种观点，这种审视恰恰是对生活的探讨，而非简单对解决方案的寻找。提出问题，针对提出的问题进行方案构思，这是最符合逻辑常理的思维过程，从第4章的设计实践中也可以看到，多数人会采用这种方式展开设计，但以这种方式开展的课题，在最后基本没有新意义产生，这种从问题到方案的方式是一种在原有基础上进行优化和改进的方式，属于渐进式的创新过程，很难突破现有视角局限，也就很难完成全局意义上的优化。

3. 问题诠释与顿悟

诠释目的在于加深对跨越后事情的理解，不是针对问题进行解决方案的讨论与方案优化。主要通过讨论方式进行观点交换，交换更重要的是指与外界或他人之间的交换，外界代表的是一种不同观点、不同声音和不同视角，只有不同才能激起对事物的质疑。讨论不是要说服对方或在观点上战胜对方，而是不断通过观点的交换和解决分歧的对话而得以发现平时难以发现的新观点，从而加深了对事物的理解，因此，观点碰撞在诠释过程中变得尤为重要。诠释过程不同于解决问题过程，在解决问题过程中，问题一旦得到解决意味着设计活动也就结束了，可以说解决问题是一个有始有终的闭环过程，而诠释的过程是一个开放式的，是不断有新视角和新观点参与其中的过程。诠释的过程是一个不断交换和迭代讨论的过程。顿悟是意义产生的最后环节，顿悟是一个自我心理加工和理解的过程，不仅需要时间间隔而且需要内心的平静。

4. 意义描述

意义如同具体的产品一样，新的意义提出后，要可理解、可认知，否则也就失去了造物的目的，只有被理解了才有被别人接纳的可能。产品可以借助造型及其产品语义实现自我说明，而意义不同于物理属性式的产品，意义是人与物，人与社会关系的反映，它属于经验范畴，如同在实验过程中对具体知识和技能体验，只有体验过后才能感受并理解产品所带来的意义。同时新的产品意义一定不同于已有意义，所以在新产品意义的理解上，一定存在不同程度的难度和产生误解的可能。本书以情景故事为线索和框架，以故事版为分解手段，通过产品语境关系构建和模拟产品可能发生情景的方式，实现对产品意义描述。

5.4 设计职能的解构与重构

5.4.1 设计师和用户的关系模型

随着职业分工以及社会发展，设计已经不再是一种自我满足的过程，而是一种面向他人，满足他人的过程，因此“服务”一词是对这个过程最好的描述。既然是满足，那么对方需要什么就提供给他们什么，只有这样才能体现“服务”的意图，但人的欲望又是无限的，如果仅从这个层面理解两者关系，设计必定又会成为助长人类欲望的推手，因此设计师和用户之间的关系不应该只有满足式的服务过程。

从前面章节对产品和用户之间关系的分析中，可以看到产品与用户存在显性和隐形两层关系。

显性体现在物的使用方面。设计师通过设计、技术和工程等手段实现了产品某种具体功能，用户通过操作和使用产品，完成了某件事情，满足了某种需求，这个过程是一个直观的，也是人类选择产品最本能的动机。

隐形体现在产品从思想层面对用户的引领。在第2章有关产品本体的分析中，可知产品不仅包含一件事情的处理方法，还包含看待事物的视角、态度和观念。在设计过程中，随着产品功能内容的不断输入，看待事物的视角、态度以及观念等内容自然而然也被编织到所设计的产品中了。在使用产品的过程中，用户随着对产品的使用，自觉不自觉地接受了设计师编织在产品里的关于视角、态度和观念等内容，这个过程是一个悄无声息的过程，因此理查德·布坎南（Richard Buchanan）说，如果设计研究存在主题的话，那么最有可能的就是“传播”，他认为设计如同传播，传播通常是发言者发表观点，并将它们以合适的语言和手势表达出来以说服观众，而设计是设计师向人们提供新产品的过程，设计师通过他们设计的产品，直接影响了个人和群体的行为，改变了人们的态度和价值观，用产品的方式塑造着社会。

正是由于隐形关系的存在，设计师可以通过用户对产品的使用，实现了在方式和观念上对用户的引导，而且这种引领过程区别于语言式的说教过程，是一种潜移默化式的引领过程，因此，设计师和用户之间还存在一种引领的关系。两者关系如图5-5所示。意大利米兰理工教授埃佐·曼奇尼（Ezio Manzini）认为，设计师是社会的先行者，将影响着这个世界将向哪个方向发展。从第3章对现代设计发展历史梳理分析中，可以看到，在现代主义设计时期，设计引领社会的作用就得到了知识分子的关注，他们希望通过设计实现对社会的改善，向更适宜人类居住的方向发展，只是由于早期生产方式以及制造技术的限制，大家更多地关注于设计同技术的问题，忽略了对设计引领社会的持续关注。

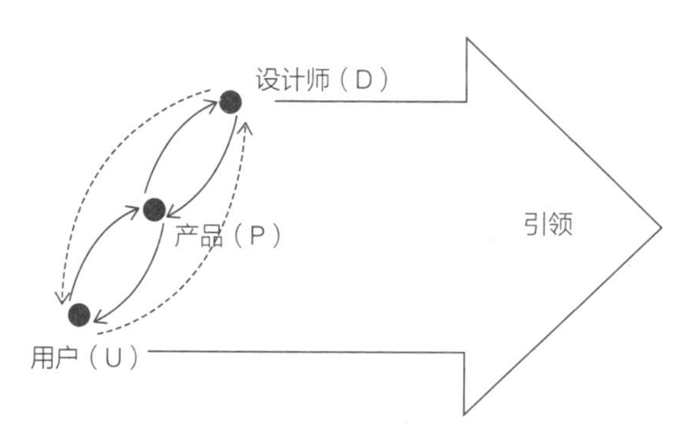

图5-5 设计师与用户之间关系模型图

另外，从第2章有关人的需要分析可以知道，人能感受到自身需要，但对需求存在一种模糊性，这恰恰为设计师引领用户奠定了基础。

设计师对用户和社会的引领，并不意味着设计的专制，而代表的是一种专业性、知识性和科学性。今天我们的社会变得异常复杂，不是仅仅能通过一个简单的灵感或创意就能解决发展过程中遇到的各种问题，而是需要关注并理解事物的本质。社会的发展和人类的生存，需要专业性的设计思考和更为广阔的设计视野去构建和引领。随着社会不断进步，或许将来设计会成为每一个人必备的能力，正如埃佐·曼奇尼（Ezio Manzini）教授所提出的开放式协同创新模式，每个人会以不同的方式参与其中，设计专家将作为这些开放式的协同创新的发起者和支持者，设计专家利用他们的知识去构思并优化出轮廓清晰、目标明确的设计活动，也就是说将来用户从局外人逐渐走向设计的参与者，但是也离不开设计专家的指引。

5.4.2 产品意义与企业主体

设计在社会发展过程中扮演了越来越重要的角色，而且设计过程与产品使用的过程又是一个双路径过程，既是对物的设计，又是对意义的构建，因此通过设计方式进行社会构建具有其他方式不具有的优势和积极作用。

既然设计具有如上特点，如果不能很好地利用设计所具有的特点，最终有可能加速事物向不好的一面发展，把社会带向一个混乱的、非持续式的、随机的发展方向，如无节制的消费和占有、资源过度开发、对现有物利用不充分造成的各种浪费等。

产品经历了从自产自足、物物交换到今天由专业化企业生产的几个阶段，亚当·斯密指出人的利己动机和交换促成了市场的产生，随着社会分工和为了获得更高的生产效率，专业化的协作组织方式逐渐代替了个人或家庭的作业方式，这种专业的协作组织就是企业。企业作为市场经济运行的主体，自然成为向市场提供产品的生产者和设计者。设计对社会的作用，自然得通过企业所体现，通过企业影响用户改变社会，设计引领社会的作用自然转嫁到企业肩上。学者郑也夫说文明是一种副产品，社会的文明并不是人类的目的性行为所造成，比如外婚制、农业、文字、造纸术、雕版印刷、活字印刷等统统不是人类计划和目的的产物，他们是副产品，它们之前不是没有目的，但其目的是制造另外一种器物，器物问世后又在新的因子及需求推动下，才从这器物的功能变异中经过多次变异产生最终的伟大发明①。企业的出现与发展同样也是，在今天人类能力不断剧增的情况下，现代企业也逐渐远离了当初人类赋予企业的属性。企业不仅是经济的推动者，也成为社会变革的推动者和引领者，也就是企业不仅是产品或物的制造者，同时也应该是重新认识世界和开拓未来生活的先行者。自然企业设计战略应从过去单线式的设计模式转移到双线式的设计发展模式上，从过去只关注与产品生产制造技术相关能力的提升，到探索人类生存方式以及人与外部世界相处的可能性能力的提升，只有这样企业才能真正承担起社会赋予它的重任。

小结

本章以第2章、第3章和第4章研究为基础，采用解析归纳的研究方法，主要讨论的内容是意义导向下产品设计策略与思想、设计流程与方法以及设计角色定位。产品意义的介入，它是一种思考设计的方式，是从整体性考量产品与人，人与社会之间关系的方法，确保设计的真实性。产品设计的过程是一个对已有认知方式模糊化的过程。在宏观的视角下，产品设计过程是一个包含改变用户认知的设计过程，具体包括三个过程，在微观视角下，产品设计过程是一个脱离已有意义产生新意义的设计过程，也包括三个过程。在意义导向的思维下，设计师和用户的关系是一种引领与被引领的关系，社会将赋予企业更多的责任，企业除了要关注技术上的革新外，同时还要探索人与外部世界相处的可能性。

1）意义导向下的产品设计策略与思想研究。随着社会发展，设计从满足自我需求的个人行为逐渐走向具有社会属性的行为，设计活动由简单走向复杂，在对设计的认知过程中，常常会被设计局部的真实性所迷惑，结果导致走向到错误的方向，延缓或阻碍了人类对美好生活的追逐。关于容易产生让人迷惑的地方，本文归纳为三个层面。首先，第一个层面是关于物的，功能与形式，也就是说，不能用形式代替功能，功能是探讨未来生活可能性的关键要素。第二个层面是关于物与人之间的关系，有用性和可用性，指出可用性固然重要，但不能用可用性代替有用性。第三个层面是关于人，纯粹的人和社会的人，书中指出不能把社会的人当作单纯意义的人看待，否则就会出现局部的正确性代替整体的正确性的错误假象。产品意义的提出就在于从全局的角度看设计，确保设计的真实性。另外，如何打破现有看待事物的认知方式，进一步对事物做更为深刻的认识，本书指出，设计的过程是一个模糊化的过程，把熟悉的事物变得不熟悉了，可以激起我们对它再认知的欲望。

2）意义导向下的产品设计过程研究。"意义导向"代表的是一种设计思维方式，是考量人与社会之间关系下的产品设计方法，由此产品不仅是提供给用户的一种

① 郑也夫．文明是副产品[M]．北京：中信出版集团，2015,15.

解决问题的方法，更为重要的是提供给用户一种看待事物的视角，因此意义导向下的产品设计过程是一种从方法上引领用户的过程，本书提出了三步式的产品设计过程，基于客观事实分析过程、主观设计过程和影响改变受众认知过程。从微观的角度看，设计过程是一个脱离已有意义产生新意义的过程，本书提出微观的设计过程，其过程包括问题跨越、诠释、顿悟和描述四个过程。

3）意义导向下的产品设计视野。对设计师和用户关系以及对现代企业角色定位研究。用户是上帝，满足用户需求是设计师义不容辞的责任，其自然以用户为中心，用户需求什么就提供什么成为产品设计的宗旨，这也形成设计师和用户之间的关系——满足与被满足的关系，本书指出设计师和用户之间的关系，除了满足与被满足外，还存在一种引导与被引导的关系，引导不仅表现在具体行为和方法上的引导，还表现在观念和认知方式上的引导。另外企业作为市场经济运行的主体，成为向市场提供产品的生产者和设计者，人们消费企业产品的过程，也是按照企业提供的方式或方法处理事情的过程，自然也就接受企业所呈现的看待事物的视角和观念，因此企业不仅提供的是服务人们的产品，它也是在构建人与社会之间的关系，这种关系直接关联着我们的未来。本书指出社会赋予了企业更多的责任，企业是重新认识世界，开拓未来生活的先行者。

结 语

设计本该是人类的一种本能，每个人都可以按照自己意愿进行设计，随着人类分工和职业化的出现，设计成为一种少数人从事的活动，且设计活动变得异常复杂，但这也没有影响设计继续向前发展。追逐商业上的成功成为设计向前发展的主要推力，机械化批量大生产为设计满足更多人提供了可能，使得设计受众面也变得越来越宽，设计也因此获得了在商业上的最大收益。在这个过程中，人类在享受设计带给人类便利的同时，也无形中接纳了设计带给人类的生活方式和思维方式。也就是说设计不仅可以通过化解难题的方式满足人的需求，同时设计还在某种程度上规划了人们的生活，而这个过程是一个悄无声息的过程，从这个角度看，设计具有引领社会的潜质，因此从意义的角度探讨产品设计方法成为本书的初衷。

本书从设计现象入手，逐步展开基本理论问题研究。在研究策略上，采用了“理论依据”和“事实依据”双重依据的研究策略，以期达到设计研究的“求真”和“求用”。“理论依据”主要为基于产品本体和以设计历史事件为“史源”的设计本体两方面研究，通过这两个方面的研究，企图从理论上分析产品的意义。在“事实依据”方面，本书主要以实验为主，希望通过实证分析获得有关产品意义的新理论和新证据。本书主要有三个实验，分别为：对用户需求的模糊性实验、合作方式与产品意义之间关系实验和产品意义获取实验。针对所研究的问题，研究采用了“文献阅读法”史学研究方法中“比较法”“访谈法”“现象描述分析法”“扎根理论分析法”和“回顾性调研分析法”。基于理论和事实的分析和研究，最后，提出意义导向下的产品设计理论框架、流程、方法模型和策略。

本书的基本内容与组织结构基本一致。第1章以社会发展和设计发展为产品意义研究的学术背景，从产品认知、设计思维和数字技术、互联网三方面设计研究进行了与产品意义相关的文献综述研究，定义了本书研究的概念、术语和关键问题，阐释了选题背景和研究意义。第2章通过产品本体对产品意义本源进行研究，通过研究可知，产品意义源于价值，基于使用，主要是指面向人类未来生活的各种可能性（Could be）和应该性（Should be）。第3章主要从设计本体对产品意义进行的研究。本书在此把设计本体大致分为两个方面，设计演变和设计行为研究。在设计演变中探讨了设计活动背后，人们对于设计认知的变化；在设计行为研究中，探讨了设计方法与设计过程本身特点以及设计合作模式对于产品意义探讨限制、制约和影响。第4章主要以实验为主，通过设计实践从微观角度对产品意义获取过程进行了详细研究，方法主要采用回顾性调研分析法，研究对象为设计实践课程，提出了产品意义获取三步骤和产品意义描述方法。第5章提出了意义导向的产品设计方法论。包括意义导向的产品设计策略与思想、意义导向的产品设计开发流程和设计相关角色的再定位。

从研究的创新性来讲，意义导向的产品设计方法研究是将意义探讨看作产品设计开发活动的关键内容。意义不同于产品造型、结构、色彩和材料等内容，它不容易被观察到，通常会被忽略，但人们对产品意义是有需求的，且产品意义对产品开发具有指导作用，产品意义逐渐成为企业产品相互竞争的核心内容，因此探讨意义导向下的产品设计方法具有重要的理论研究价值，也为我国设计教育改革提供重要的理论支撑与参考。

本书的理论成果和创新主要包括：

（1）从产品本体角度对产品意义的研究

系统分析了产品的意义、意义存在的基础以及产品意义的属性。通过分析对产品意义做了进一步解释，它是关于人的，是指面向人类未来生活的各种“可能性”和“应该性”，并构建了产品意义解释模型。同时也指出产品意义是提升产品价值的有效途径之一。产品意义基于使用，面向人的需求，在人的需求中，指出人的需求存在模糊性和层级性，模糊性主要体现在人们对于完成一件事情的方式方法的模糊，层级性主要存在个人和社会两个层面的划分。最后通过对产品意义属性的分析，指出产品意义具有社会性，从产品意义属性角度解释了产品意义中的“应该性”。

首先从设计现象入手，逐步展开对产品意义的研究，通过对“好产品”的解析，指出对产品意义探讨源于对产品价值的追逐，产品意义是提升产品价值的有效途径之一。从哲学角度追溯了物的认知变迁，在哲学视野下，物的探讨存在从认知传统到现象学生存论传统的转变，物的意义在于使用而非认知，“使用”成为人与物打交道的基本方式，这也成为本书研究的基础。在对人的需求性分析研究中，指出人的需求是产品意义存在的基础，人对产品的需求实际上表现为对产品意义的需求，在需求上人是主动的，不是对外界刺激的回应或一种条件反射。人对产品有需求，但存在模糊性，这种模糊性表现为人们对于具体方式方法的未知和模糊，人的需求模糊性恰恰成为设计的引导性，以及为设计的社会性奠定了基础。在人的需求性中，又指出表面上人的需求是个人的事儿，但人是社会的人，必然受到来自社会的限定，因此人的需求性存在个人和社会两个层级的划分，社会性的存在也是导致人对自身需求存在未知和模糊的原因之一。最后指出产品意义具有社会性，主要源于在产品的引导性和观念性两个方面，产品的引导性体现在产品的有用性和可用性两方面，产品的观念性主要体现为产品通过具体方法方式和观念对社会的塑造，产品成为塑造社会的媒介，而社会文明又体现为一种观念的进步，本书在此也构建了产品信息层模型。

（2）从设计行为角度对产品意义的研究

系统从设计演变与意义内涵、设计方法与设计过程以及设计合作几个方面从设计的工具性角度对产品意义进行分析。通过分析可以看到人类设计活动背后蕴含着人类造物的目的性，以及设计作为一种工具人类赋予它的作用，这些都构成了对产品意义理解的途径。

通过设计变迁研究，在设计发展过程中，设计主要有以下几个方面的变化，设计得到了社会精英和知识分子的关注，思考设计能做些什么，装饰不再是设计考虑的主要内容，设计关注的内容也从个人层面逐渐扩展到更大的社会层面，设计成为探讨社会的方式。本书又从设计生存环境上指出商业性和社会性是理解设计的两个语境，商业可以看作是维系和促进社会发展的一种机制，但并不构成社会发展的终极目标，在商业化的语境中，设计更多地关心于提供具有竞争力和能激起消费者购买欲望的产品与服务，在社会语境中，设计的作用在于构建人和社会的关系，两者缺一不可，缺少了哪一方面都不能完整地理解设计。在此本书也指出，设计的社会目的性并不是伴随设计的出现而出现，设计的社会目的性最早由现代主义设计运动提出并实践。最后指出从商业角度关注社会层面的问题成为现代产品发展方向。

通过对设计方法与设计过程研究，指出设计方法应随着设计面对的内容或问题发生改变，以前设计尽管也在关注问题的解决，但设计一直是一个自适应过程，随着社会的不断发展，人类意识到人类和自然系统的复杂性，以及不断膨胀的人类活动给自然和社会带来的威胁，从战略层面关注这些问题变得十分紧迫。另外设计具有其自身特点，设计存在不确定性和模糊性，体现在设计主题和设计结果方面，正是这些不确定性的存在，也为设计带给人类的各种可能性成为可能。设计存在渐进式和革新式两种方式，相比渐进式，革新式的设计过程属于一个全局优化的过程，这种方式为新意义的出现从方式上提供了可能。

通过对设计合作模式的研究，指出设计合作模式影响产品新意义的产生。对设计结果要求越明确的合作，最终设计结果跨度越小，产生新意义的可能性也越小。反而设计任务要求越模糊的合作，最后的设计结果跨度最大，产生新意义的可能性越大，任务模糊性与新意义产生存在正向关系，同时也指出，设计介入产品开发活动的时间越早产生，新的产品意义可能性越大。另外在项目开发推进过程中，设计结果也和设计行为介入项目开发过程的时间早晚有关。

（3）从设计实践角度对产品“创意”获取、产生与描述的研究

主要采用回顾性调研分析方法，对设计实践学术训练课程进行了回顾性实验研究，这部分也成为本书的事实依据。通过研究，本书构建了获取新意义的三个关键环节，分别为问题跨越、诠释和顿悟，在此并分别构建了各个过程的理论模型。

问题跨越是指从“设计问题”到“研究问题”的跨越，也可以理解为从关于具象“物”的问题到更大层面“人和事”问题的跨越。产品意义面向的是人的未来生活，人和事的问题恰恰是设计所真正关注的问题以及产品意义所在。同时也指出，按照产品信息层的划分，具象的关于物的问题是第一层级信息，抽象的关于事的问题属于第三层级信息，这种跨越也是从第一层级向更高层级的第三层级跨越的过程，因此这种跨越也是从方法论层面向认识论层面的跨越。这种跨越自然意味着是与已有方法、方式与认知的脱离。最后也指出发问方式是产生跨越的途径之一。

诠释过程是深入理解事物的过程，它是一个开放的，有多人参与，通过讨论方式实现对已有认知方式和看问题视角的修正，达到对事物的再理解。诠释过程不同于问题解决过程，在诠释过程中不存在明确的问题指向，这也为拓宽看问题的视角提供了有利条件。最后本书也指出诠释的过程既是“脱离”现有的过程，也是产生新意义的过程。在诠释过程中，也指出该过程重个人主观性，诠释过程是一个螺旋式不断上升过程，上升意味着提升。

顿悟过程，是指经过一段时间的苦思冥想之后突然产生新意义的过程，顿悟的发生常表现为一种突然性。顿悟过程重自我内省，在产品意义产生之前，尽管有从外界获取知识的过程，但离不开自我思考过程，自省过程重自我理解，听从自己内心的过程。在时间上，顿悟过程需要用来沉思和静虑的时间间隔。

在产品意义描述方面，提出了产品语境构建法，以故事为线索和框架，故事版为过程分解手段，通过故事情节把产品和语境中各要素联系在一起，最后借助数字或手绘手段进行视觉化表达实现对产品意义的表达。在意义描述中，本书指出语境是一种关系，产品语境的构建是一种关系的构建，在此构建了产品意义描述模型。

（4）在产品设计中，意义的介入代表的是一种思考问题的方式，从战略性的角度考量产品与人，人与社会之间关系的方式，确保设计的真实性。产品设计的过程是一个对已有事物认知方式模糊化的过程，把熟悉的事物变得不熟悉，可以激起我们对它再认识的欲望，从而深化对事物的理解。从宏观的角度看，宏观的产品过程是包含改变用户认知过程的设计过程，产品设计过程包括三个过程。从微观角度看，微观的产品设计过程是一个脱离已有意义产生新意义的设计过程，产品设计过程也包含三个过程。本书在此也分别构建了产品设计的微观和宏观过程模型。最后，本书对一些概念和关系做了进一步解释，指出设计师和用户的关系除了服务与被服务关系外，还包含引领与被引领的关系，同时社会也将赋予企业更多的责任，企业除了关注技术上的革新外，还需承担探索人与外部世界相处的各种可能性的职责与重任。

由于笔者学识和客观条件限制，关于意义导向的产品设计方法研究还处于初步探索和研究阶段，许多研究工作尚待进一步完善，本书的不足和未来的工作主要有：

随着数字技术和信息科学发展，今天我们的社会逐

渐从过去相互独立、近乎固化的社会走向相互连接、半流动的社会，已有的方式逐渐被打破，新的形式与方式亟需建立，因此可借鉴的经验较少，对产品设计理论体系研究尚需进一步完善，本书意义导向的产品设计方法还需在实践的检验中加以改进。

在产品设计中，意义的介入代表的是一种思考问题的方式，不同于已有的方式，因此在设计教育方面，如何构建意义导向下的知识体系与教学方式，也是需要进一步做探讨和研究的内容。

另外人类一直在精心规划和设计着我们的世界，但是不论做出怎样精准设计和精心规划，也不可能创造出一个和预期完全相同的世界，未来不是完全按照设想去实现的，它是在需求和希冀的交织变化中逐步创造出来的，因此设计是如何作用于社会，以及现实社会的发展又是在多大程度按照设计预期的规划在发展，这也成为在产品意义研究方面以及设计研究中有待进一步需要研究的问题。

参考文献

[1] Strauss BH, Kulp S, Levermann A（2015）Carbon choices determine US cities committed to futures below sea level. Proceedings of the National Academy of Sciences USA. 2015, 13508-13513.
[2] Carlo Vezzoli, Ezio Manzini，环境可持续设计[M]. 刘新，杨洪君，覃京燕译. 北京：国防工业出版社，2010. 169-191.
[3] 乔治 埃尔顿 梅岳，工业文明的社会问题[M]. 费孝通译. 北京：群言出版社，2013. 2-38.
[4] 哈里·兰德雷斯，大卫·C·柯南德尔. 经济思想史[M]. 周文译. 北京：人民邮电出版社，2014. 1-11.
[5] Susan C. Stewart.Interpreting Design Thinking[J].Design Studi- es 32（2011）515-520.
[6] Nigan Bayazit. Investigating Design; A Review of Forty Years of Design Research[J]. Design Issues: Volume 20. No. 1, Winter, 2004.
[7] Herbert Simon. The Sciences of Artificial[M]. Cambridge: MIT Press, 1969, 50.
[8] Rittel, Horst. Dilemmas in a General Theory of Planning[J]. policy sciences, 1973:155-169.
[9] Kees Dorst, Nigel Cross. Creativity in the design process: co-evolution of problem-solution[J]. Design Studies. 2001（22）: 425-437.
[10] Pye D. The Nature and Art of Workmanship[M]. London: Cambri- dge University Press, 1968, 8-21.
[11] Farr M. Design Management, Why Is It Needed Now?[J]. Design Journal, 1965,（200）: 38-59.
[12] Matchett E. Control of Thought in Creative Work.Chartered Mechanical Engineer, 1968, 14（4）: 163-166.
[13] Jones J C. Design Methods: Seeds of Human Futures. New York: John Wiley&Sons, 1980, 3.
[14] Schön D A. The Reflective Practitioner: How Professionals Think in Action. New York: Basic Books, 1983:12-25.
[15] Sato K. Constructing Knowledge of Design, Part 1: Unders- tanding concepts in design research. In: Proceedings of the Doctoral education in design: foundations for the future conference. 2000: 135-142.
[16] 谭浩. 基于案例的产品造型设计情境知识模型构建与应用. [D]. 长沙：湖南大学汽车车身先进设计制造国家重点实验室，2006, 3-10.
[17] 王巍. 汽车造型领域知识描述与应用[D]. 长沙：湖南大学汽车车身先进设计制造国家重点实验室，2007, 1-10.
[18] 陈宪涛. 汽车造型设计的领域任务研究与应用[D]. 长沙：湖南大学汽车车身先进设计制造国家重点实验室，2009, 2-7.
[19] 谢友柏. 设计科学中关于知识的研究——经济发展方式转变中要考虑的重要问题[J]. 中国工程科学，2013, 15（4）: 14-22.
[20] 柳冠中. 设计的本源就是“创新”[J]. 装饰，2012, 228（04）: 12-17.
[21] 埃佐·曼奇尼，设计. 在人人设计的时代[M]. 钟芳，马瑾译. 北京：电子工业出版集团，2016, 11.
[22] 李乐山. 工业设计心理学[M]. 北京:高等教育出版社，2003, 30.
[23] 李乐山. 产品符号学的设计思想[J]. 装饰，2002（4）: 4-5.
[24] Ortner, S. "On Key Symbols" in Lessa, W. and Vogt, E.（eds）Reader in comparative Religion. Harper&Row, New York. 1979.
[25] Palmer, D. "Ferdinand de Saussure: Structural Linguistics" in Structuralism and Postmodernism for Beginners. Writers and Readers Publishing, New York. 1997.
[26] Krippendorff K. On the Essential Contexts of Artifacts or on the Proposition that Design is Making Sense（of Things）. Design Issues. 1989, 5（2）: 9-38.
[27] Donald A. Norman,The Design of Everyday Things 设计心理学[M]. 梅琼译. 北京：中信出版社，2003 V-XIII.
[28] 赵江洪. 汽车造型设计：理论、研究与应用[M]. 北京：北京理工大学出版社，2010.
[29] 鲁道夫·阿恩海姆. 艺术与视知觉[M]. 滕守尧，朱疆源译. 成都：四川人民出版社，2001, 1-10.
[30] S. Balaram. Product symbolism of Gandhi and Its Connection with Indian Mythology. Design Issues.1989, 5（2）

68-85.
[31] Reid R.Heffner, Thomas S.Turrentine, Kenneth S. Kurani. A Primer on Automobile Semiotics.Institute of Transportation Studies Working Paper. 2006, 64（2）, 139-152.
[32] 张文泉．辨物居方，明分使群——汽车造型品牌基因表征、遗传和变异[D]. 长沙：湖南大学汽车车身先进设计制造国家重点实验室，2012, 1-10.
[33] 赵丹华，何人可，谭浩等．汽车品牌造型风格的语义获取与表达[J]. 包装工程，2013, 34（10）: 27-30.
[34] 朱毅，赵江洪．造型美学属性及其多向性研究[J]. 包装工程，2014, 35（18）: 25-29.
[35] Victor Margolin, Richard Buchanan. The idea of Design[M]. London: The MIT Press. 1995. XI-XXII.
[36] Mihaly Csikszentmihalyi, Eugene Rochberg-Halton. The Meaning of things, Domestic symbols and the self[M]. Cambridge: ambridge University Press, 1981, 1-10.
[37] Victor Margolin, Richard Buchanan. The idea of Design[M]. London: The MIT Press. 1995,156-184.
[38] 赵丹华．汽车造型的设计意图和认知解释[D]. 长沙：湖南大学汽车车身先进设计制造国家重点实验室，2013, 1-5.
[39] Paul A.Rodgers. Articulating design thinking. Design Studies, 2013, 01（34）, 433-437.
[40] Bruce, M., Cooper, R. & Vazquez,D. Effective design mana-gement for small businesses.Design Studies, 1999, 20（3）, 297-315.
[41] Roberto Verganti. Design-Driven Innovation.Boston: Harvard Business Press, 2009.
[42] 蔡军．设计导向型创新的思考[J]. 装饰，2012（4）: 23-26.
[43] 陈雪颂．设计驱动式创新机理与设计模式演化研究[D]. 杭州：浙江大学管理学院，2011, 183-189.
[44] Alexander Osterwalder, Yves Pigneur. 商业模式新生代（经典重译版）[M]. 黄涛，郁婧译．北京:机械工业出版社. 2016,1-10.
[45] Krippendorff K. On the Essential Contexts of Artifacts or on the Proposition that Design is Making Sense（of Things）. Design Issues. 1989, 5（2）: 9-38.
[46] 马克·第亚尼．非物质社会一后工业世界的设计、文化与技术[M]. 腾守尧译．成都：四川人民出版社．2001, 1-30.
[47] 王国胜．服务设计与创新[M]. 北京：中国建筑工业出版社．2015, 1.
[48] Koskinen I, Mattelmaki T, Battarbee K. Empathic Design-User Experience in Product Design 移情设计——产品设计中的用户体验[M]. 孙远波，姜静，耿晓杰译．北京：中国建筑工业出版社，2011.
[49] 陈星海，何人可．大数据分析下网络消费体验设计要素及其度量方法研究[J]. 包装工程，2016, 37（8）, 67-71.
[50] 罗仕鉴，胡一．服务设计驱动下的模式创新[J]. 包装工程，2016, 36（12）, 1-4.
[51] 李世国，昝赤玉．论物联网时代的工业设计创新思维[J]. 创意与设计，2013, 1（5）,51-55.
[52] 高博，殷正声，张良君．服务设计应用于创新型高校图书馆的设计实践[J]. 包装工程，2016, 37（2）61-64.
[53] Jonathan Cagan, Craig M. Vogel . 创造突破性产品[M]. 北京：机械工业出版社，2003, 10.
[54] Krippendorff K. On the Essential Contexts of Artifacts or on the Proposition that Design is Making Sense（of Things）. Design Issues. 1989. 5（2）: 9-39.
[55] Alfred Marshall. 经济学原理[M]. 章洞易译．北京：北京联合出版社，2015, 25.
[56] 何人可．工业设计史[M]. 北京：高等教育出版社，2005, 6-8.
[57] 伍振荣．胡民伟，黎韶琪．莱卡相机故事[M]. 北京：北京出版集团，2012, 30-35.
[58] 胡泳．海尔中国造之竞争战略与核心能力[M]. 海口：海南出版社，2002, 19-20.
[59] 吴雪松．海尔设计研究[D]. 长沙：湖南大学设计艺术学院，2005, 6.
[60] Omar Calabrese. Italian Style Forms of Creativity. Milano: Skira editor, 1998. 59-82.
[61] William Taylor. Message and Muscle: An interview with Swatch titan Nicolas Hayek. Harvard Business review 1993（March-April）, 99-110.
[62] 吴雪松．赵江洪．意义导向的产品设计方法研究[J]，包装工程，2014, 35（18）21-24.
[63] 杨庆峰．有用与无用：事物意义的逻辑基础[J]. 南京社会科学．2009（4）, 38-42.
[64] Klaus Krippendorff,. An Exploration of Artificiality. Artif- act 1, 2007, 1: 17-22.

[65] Kurt Dauer Keller. The Corporeal Order of things: The spiel of usability. Human Studies. 2005（28）, 173-204.
[66] 赫尔伯特·西蒙．人工科学[M]. 武夷山译．北京：商务印书馆．1987.
[67] 曼奇尼，钟芳，马谨．设计，在人人设计的时代[M]. 北京：电子工业出版社，2016.
[68] James J.Gibson. The ecological Approach to visual perception. Boston, MA: Houghton Mifflin,1979.
[69] Norman D A. Affordance, conventions, and design[J]. Intera- ctions, 1999, 6（3）: 38-42.
[70] 亚伯拉罕·马斯洛．动机与人格[M]. 许金声等译．北京：中国人民大学出版社．2007. 4.
[71] Joseph Nuttin. Motivation, Planning, and Action. Translated by Raymond P. Lorion and Jean E.Dumas. New 76. Jersey: Lawrence Erlbaum Associates, inc. 1984.
[72] Victor Papanek. Design for the real world[M].Chicago: Academy Chicago Publishers. 1971, 3-28.
[73] Herbert Simon. The Sciences of Artificial[M]. Cambridge: MIT Press, 1969.
[74] Kees Dorst, Nigel cross. Creativity in the design process: co-evolution of problem- xsolution.Design studies. 22（2001）, 425-437.
[75] [英]尼古拉斯·佩夫斯纳，J·M·理查兹，丹尼斯·夏普．邓敬，王俊，杨娇，崔珩，邓鸿成．反理性主义者与理性主义者[M]. 北京：中国建筑工业出版社，2003, 42-49.
[76] 吴雪松，赵江洪．设计行为的社会目的性研究[J]. 包装工程，2015, 36（22）80-83.
[77] David Pye. The Nature and Aesthetics of Design. London: A & C Black Publishers Ltd. 2000, 15.
[78] Richard Buchanan. Declaration by Design: Rhetoric, Argument, and Demonstration in Design Practice. Design Issues, 1985, 2（1）: 4-22.
[79] 李乐山．现代社会学[M]. 西安：西安交通大学出版社，2010, 80.
[80] 萧圣中．周易[M]. 北京：金盾出版社，2009, 185.
[81] 冯骥才．灵魂不能下跪[M]. 银川：宁夏人民出版社，2007, 99.
[82] 李妲莉，何人可，刘景华．美国工业设计[M]. 上海：上海科学技术出版社．1992, 26-27.
[83] Christensen, C. M & Overdorf,M. Meeting the challenge of disruptive change[M]. Boston:Harvard Bussiness School Press. 2000.
[84] David Railman. History of Modern Design[M]. London: Laurence King Publishing, 2010.
[85] 王受之．世界现代设计史（第2版）[M]. 北京：中国青年出版社．2015, 32-42.
[86] 王受之．世界现代建筑史（第2版）[M]. 北京：中国建筑工业出版社．2013, 2-3.
[87] Nikolaus Pevsner. Pioneers of the Modern Movement from William Morris to Walter Gropius[M]. New Haven: Yale University Press. 2005, 1-10.
[88] Carol Belanger Grafton. Art Nouveau: The Essential Refere- nce. New York, 2015, 15.
[89] David Railman. History of Modern Design[M]. London: Laurence King Publishing, 2010. 158.
[90] 勒·柯布西耶，走向新建筑. [M]. 杨志德译．南京：江苏凤凰科学技术出版社．2015, 164.
[91] 托尼·朱特，战后欧洲史-旧欧洲的终结（1945-1953）[M]. 林骧华译．北京：中信出版社．2014, 168.
[92] Giles Chapman. Car-The Definitive Visual History of the Automobile[M]. New York: DK Publishing. 2011, 136.
[93] 卫兴华，林岗．马克思主义政治经济学原理（第4版）[M]北京：中国人民大学出版社．2016. 30-35.
[94] David Railman. History of Modern Design[M]. London: Laurence King Publishing, 2010. 306.
[95] Joseph A. Schumpeter, The Theory of Economic Development. Transaction Publishers. 1982, 16.
[96] Victor Papanek. Design for the Real World[M]. Chicago: Academy Chicago Publishers. 1971, 003.
[97] 梁梅．意大利设计[M]. 成都：四川人民出版社．2001, 114.
[98] krippendorff K. On the Essential Contexts of Artifacts or on the Proposition that Design is Making Sense（of Things）. Design Issues. 1989. 5（2）: 9-39.
[99] Kutuguoglu F. Consumption, Consumer Culture and consu- mer Society. Community Positive Practices, 2013, 13（1）: 29-33.
[100] 北京大学哲学系外国哲学系教研室．西方哲学原著选读[M]. 北京：商务印书馆．2014, 66.

[101] 刘远碧，税远友．论人与社会的关系[J]. 辽宁师范大学学报（社会科学版）. 2005, 28（06）: 13-17.
[102] 孙立平．走向积极的社会管理[M]. 社会学研究．2011（4）: 22-32.
[103] 李乐山．工业设计思想基础[M]. 北京：高等教育出版社．2001, 34.
[104] Duncan A. Art Deco Complete. London: Thames&Hudson. 2011, 1-10.
[105] C.Alexander. State of Art in Design Methodology: interview with C. Alexander. DMG Newsletter 1971（3）: 3-7.
[106] 钱穆．宋明理学概述[M]. 北京：九州出版社．2010, 111.
[107] Van Doesburg Theo. Van Esteren Cornelis. The manifesto V of group De stijl: Toward a collective construction. L' Effort Moderne Bulletin. 1924（9）: 15-16.
[108] Nigel Cross. 设计师式认知[M]. 任文永，陈实译．武汉：华中科技大学出版社，2013, 172-173.
[109] 赵江洪．设计和设计方法研究四十年．装饰，2008,（9）: 44-47.
[110] Kees Dorst, Nigel Cross. Creativity in the design process:co-evolution of problem-solution. Design Studies. 2001（22）: 425-437.
[111] Horst W. J. Rittel ,Melvin M.Webber. Dilemmas in a General Theory of Planning. Policy Sciences.1973（4）: 155-169.
[112] Richard Buchanan. Wicked Problems in design thinking. Design issues, 1992, 8（2）: 5-21.
[113] Per Galle, Peter Kroes. Science and Design:Identical twins?. Design Studies 35（2014）201-301.
[114] Herbert Simon. The Sciences of Artificial（3rd ed.）[M]. Camb- ridge: MIT Press, 1996.
[115] Horst Rittle. On the Planning Crisis: Systems Analysis of the First and second Generations[M]. Bedriftskonomen, 1972, 8:390-396.
[116] George Basalla. The evolution of Technology[M]. Cambridge: Cambridge University Press. 2002, 1-3.
[117] Donald A. Norman. Roberto Verganti. Incremental and Radi-cal Innovation: Design Research vs. Technology and Meaning Change.
[118] Donald A.Norman. Human-Centered Product Development[M]. Cambridge, MA: MIT Press, 1998, 128-165.
[119] 代尔夫特理工大学工业设计工程学院．设计方法与策略（代尔夫特设计指南）[M]. 倪裕伟译．武汉：华中理工大学出版社．2014, 49-60.
[120] John Z.langrish. Correspondence incremental Radical innova- tion. Design Issues. 2014, 30（3）.
[121] Charles Darwin. The Origin of Species By Means of Natural Selection 6th edition. London: J Murray. 1859, 58.
[122] Barney, J. B. The resource-based view of the firm: ten years after 1991. Journal of Management. 2001, 27（6）: 625-641.
[123] 合同法律随身查（图标速查版）[M]. 北京：中国法制出版社．2009, 3.
[124] Goffman, E. Frame analysis: An essay on the organization of the experience. New York: Harper Colophon. 1974.
[125] Minsky, M. A framework for representing knowledge. Readings in Cognitive Science. 1974, 8（76）: 156-189.
[126] Reese, S.D. The Framing Project: A Bridging Model for Media Research Revisited.Journal of Communication. 2007, 57（1）: 148-154.
[127] Tannen, D. Frames revisited. Quaderni di Semantica 1986, 7（1）: 106-109.
[128] Schön,D.A. Problems, frames and perspectives on designing. Design Studies, 1984, 5（3）: 132-136.
[129] Nelson, H., &Stolterman,E.The design way: intentional change in an unpredictable world.Englewood Cliffs. NJ: Educational Technology Publications. 2003. 48-51.
[130] Darke, J. The primary generator and the design process. Design Studies. 1979, 1（1）: 36-44.
[131] Bec Paton, Kees Dorst.Briefing and reframing: A situated practice. Design Studies 2011, 32: 573-587.
[132] Marton, F. Phenomenography: describing conceptions of the world arounds us.Instructional Science.1981. 10: 177-200.
[133] Glaser, B. G. Doing grounded theory: issue and discussions. Sociology Press. 1998.
[134] 木心，陈丹青．文学回忆录（下）[M]. 桂林：广西师范大学出版社．2013, 697.

[135] Randolph Glanville. Research Design and Designing Research. Design Issues. 1999, 15（2）: 80-91.
[136] Richard Buchanan. Wicked Problems in design thinking. Design issues, 1992, 8（2）: 5-21.
[137] Kruger, C. Cognitive strategies in industrial design engine- ering, xPhD thesis,Delft University, The Netherlands,1999.
[138] Wielinga x. B, Van de velde,W.Schrieber, G and Akk- ermans.H. Expertise model definition document KADSII/M2, University of Amsterdam. 1993.
[139] Kruger, C. Nigel Cross,Solution driven versus problem driven design: strategies and outcomes. Design Studies 2006, 27: 527-548.
[140] Chia-Chen Lu. The relationship between student design cognition types and creative design outcomes.Design Studies. 2015, 36: 59-76.
[141] 林文雄．生态学[M]. 北京：科学出版社．2013, 15-20.
[142] 周鸿．人类生态学[M]. 北京：高等教育出版社. 2001, 15.
[143] Talbot R. Design: Science: Method[J]. Design Studies, 1981, 2（2）: 118-121.
[144] Klaus Krippendorff. Principles of design and a trajectory of Artificiality. Product Development&Management Association. 2011, 28: 411-418.
[145] Alain Findeli. Searching for design research Questions: Some conceptual Clarifications. Questions, Hypotheses&-Conjectures, 2010:278-293.
[146] Schön, D. A. The reflexive practitioner: How professionals think in action. NewYork: Basic Book. 1983, 43.
[147] Adrian Snodgrass, Richard Coyne. Is Designing Hermeneu- tical?. Architectural Theory Review, 1997, 2（1）: 65-97.
[148] Snodgrass A, Coyne R. Models, Metaphors and the Hermene- utics of Designing. Design Issues, 1992, 9（1）: 56-74.
[149] Paul Ricoeur. From text to Action: Essays in Hermeneutics II. Evanston: Northwestern University.
[150] 汉斯—格奥尔格·伽达默尔．诠释学I真理与方法[M]. 洪汉鼎译．北京：商务印书馆，2013, i-iii.
[151] Tzvetan Todorov. Symbolism and interpretation. NewYork: Cornell University Press, 1982, 111.
[152] 汉斯—格奥尔格·伽达默尔，诠释学II真理与方法[M]. 洪汉鼎译．北京：商务印书馆，2013.
[153] 冯友兰，中国哲学简史[M]. 涂又光译．北京：北京大学出版社，2013, 243.
[154] Smith, S.M. Getting into and out of Mental Ruts; ATheory of Fixation, Incubation, and insight.in R. J.. Sternberg&J. E. Davidson, The nature of insight[M].Cambridge: The MIT Press, 1995, 328-364.
[155] 张庆林，肖崇好．顿悟与问题表征的转变[J]. 心理学报，1996（1）: 30-37.
[156] 周治金，陈永明，Chen YM. 灵感及其实质[J]. 心理学探新，2000. 1: 12-16.
[157] Kees Dorst, Nigel cross.Creativity in the design process: co-evolution of problem-solution. Design studies. 22（2001）, 425-437.
[158] 师保国，张庆林．顿悟思维:意识的还是潜意识的[J]. 华东师范大学学报（教育科学版）, 2004, 22（3）: 50-55.
[159] 张庆林．创造性手册[M]. 成都：四川教育出版社．2002.
[160] 江怡．语境与意义[J]. 科学技术哲学研究，2011, 28（2）: 8-14.
[161] 吴雪松，赵江洪．基于语境的非物质文化遗产数字化方法研究[J]. 包装工程，2015（10）: 24-27.
[162] Catalano C E, Giannini F, Monti M,etc. A framework for the automatic semantic annotation of car aesthetics. AI EDAM, 2007, Vol. 21（01）: 73-90.
[163] Krippendorff K, Butter R. Semantics: Meanings and Contexts of Artifacts. Product Experience, 2007.
[164] 高云涌．马克思辩证法：一种关系间性的思维方式[J]. 天津社会科学，2008（3）.
[165] Liz Sanders, Pieter Jan Stappers. Convivial Toolbox: Gener- ative Research for the Front end of design. Amsterdam: BIS Publishers 2013. 30.
[166] 吴雪松，何人可．诠释新产品概念的设计方法研究[J]. 包装工程，2010（18）: 34-37.
[167] 保罗·拉索．图解思考—建筑表现技（第三版）[M]. 邱贤丰，刘宇光，郭建青译．北京：中国建筑工业出版社，8-12.

[168] Corrie V D L. The value of storyboards in the product design process. Personal & Ubiquitous Computing, 2006, 10（2）: 159-162.

[169] 赵江洪. 设计心理学[M]. 北京：北京理工大学出版社. 4, 98-99.

[170] 应杰，许小荣. After Effects CS3 完全自学教程[M]. 北京：机械工业出版社. 2009, 5.

[171] 老子. 中华国学经典精粹 · 诸子经典必读本：道德经[M]. 高文方译. 2015, 10.

[172] 原研哉. 设计中的设计[M]. 朱锷译. 南宁：广西师范大学出版社，2010, 15.

[173] Buchanan R. Declaration by Design: Rhetoric, Argument, and Demonstration in Design Practice[J]. Design Issues, 1985, 2（1）: 4-22.

后　记

本书是在我的博士论文基础上调整和修改完成的，虽然书稿修改过多次，一定还存在疏忽和错误，敬请读者批评指正。

书稿的完成，有许多需要感谢的人，实在不是这些简单的文字所能表达和承载的。首先，诚挚感谢我的导师赵江洪教授，不论在本研究的大方向，还是在具体的研究细节上，都是赵老师悉心指导和帮助下完成的。也谢谢赵老师给予弟子开放自由的学术环境，鼓励我们自由探索充满创新性的学术问题与学术方向，在迷茫时，他又会给弟子及时的点拨与引导。他严谨的治学态度，平和的心态，都会潜移默化地影响和感染着我。

其次，衷心感谢何人可教授。跟随何老师多年，听了何老师许许多多的课，最喜欢听何老师从设计史论的角度讲设计，每次聆听何老师讲课既是一次设计文化之旅，又是一次设计探究之旅，不仅拓宽了我的设计知识面，同时也教会了我如何客观地认识事物的方法。何老师的学识和乐观的生活态度也是我学习的榜样，给我留下深刻的印象，我将受用终身。也感谢何老师在我博士研究期间，给予我在生活上无微不至的关怀和学业上的指导与帮助。

在博士学习期间，我也得到了湖南大学设计艺术学院不少老师的帮助和指点，每位老师各异的设计观点，生活态度都在诠释着一种生命的可能，这些都是我今后前进路上宝贵的财富。感谢杨雄勇、肖狄虎、赵钢、季铁、易军、张军、姜群、花景勇、袁翔、胡莹、张朵朵、蒋友燏、李辉等诸位老师，也感谢Z方向团队的谭浩、谭征宇、欧静、赵丹华各位老师，谢谢你们在我博士研究过程中给予的帮助和指导，也谢谢Z方向团队的各位师弟师妹，和你们共同成长，使得我博士学习生活变得丰富多彩。

感谢湖南大学设计艺术学院2013级产品设计3班全体同学，在设计课程实验中给予的配合。

感谢大学生创新实验与创新训练《现代家庭食物储藏方式研究》和《现代厨房设计》课题组的同学们。

感谢李子龙老师在最后书稿成书前的建议和帮助。

感谢中国建筑工业出版社的编辑老师们。

最后，谨以此文献给我最挚爱的家人，亲情给予了我最大的感情支持，是你们让我有机会，有毅力完成了全部学业，鼓励我、支持我一步步走到今天。感谢关心我，关怀我的所有亲人和朋友！